二魚文化

食色巴黎

Feast for Paris

林郁庭 著

目錄

III

流動的饗宴

I 蠔癡

蠔癡

「要學怎麼剖開生蠔？親愛的，沒這個必要吧！漂亮的女孩永遠都能找到男人幫她服務。」當她對伯納提出這個要求時，他嘻皮笑臉地回了她這麼一句，手下的蠔刀仍馬不停蹄，為他們今晚的開胃菜盡心盡力。

那雙閃爍不定的綠眼睛，終於讓她明白不是在開玩笑，他聳聳肩，「瞧，就是這樣。從尖尖的屁股這裡戳進去，使勁把它撐開，et voilà!（就在這裡）」

「好低級的敘述，你怎麼講得像三流的色情小說一樣？」她回了他一眼。

「妳知道我們法國人為什麼喜歡吃生蠔嗎？就是為了這股無窮無盡的情色能量。不過，我親愛的傾國傾城的海倫，妳只要輕輕一笑，所有的生蠔都將黯然失色。因為，妳就是最好的催情劑。」他把剛撬開的生蠔獻媚地呈上，帶著他一慣吊兒郎當的卡沙諾瓦式微笑。

她以虔敬愛戀的心，凝視那慵懶地伏臥珍珠色澤床鋪，無比鮮美肥嫩的蠔。啊，斜倚在貝殼上那美人可不是維納斯麼？怎捨得用紅酒醋調的傳統生蠔醬，玷污女神無瑕的肌膚？即使是簡單的一兩滴檸檬汁都是褻瀆，她是剛從海水泡沫中升起，帶著最無邪姿態最純潔笑顏的維納斯。閉著眼睛，她把蠔貝上殘餘最後一點汁液緩緩送入唇中。這是沐浴著女神的海水，還留著女神肌膚的芳香，對她而言，比桌上那瓶拿來配蠔的亞爾薩斯佳釀更是醉人。

一陣滑溜溜冰涼涼的感覺襲胸而來。這該死的法國男子竟然趁機把生蠔偷偷丟入她襯衫裡，又老實不客氣的開始動手解開釦子，聲稱要把罪魁禍首揪出來。一陣雞飛狗跳，生蠔在她胸罩彈開之際悄悄滑落，當她隨著伯納身體的壓力倒下時，已經顧不得稍帶著黏膩的廚房地板，她看見他的膝蓋無情地碾過生蠔潔白的身子。當伯納恣意在她身上撒野，她頭一次注意到他的軀體是如此沉重，糊成一片的生蠔的淚和它灰綠色的血，一次次浮現在她眼前。

沈愛雲，二十五歲的臺灣女子，在終於學會開生蠔之後，和名喚伯納·荷迪葉的法國男朋友正式宣告分手。

首先選好要撬開哪一邊。仔細看，不論形狀怎麼不規則的蠔殼，總是有脈絡可循：它必定一邊較平，一邊較凸。凸出的那邊就是蠔肉所在之處，所以你應該從平的那一邊下手，這樣不但困難度減低，它的汁液也不會流失。

和伯納分手後，她決定這是最後一次找語言交換的夥伴。語言交換，說得好聽，其實對某些人而言，不就等於找個性伴侶？學法文的方式不限於此。不過，嗜吃生蠔的她，從伯納身上學到開蠔技法，還是有相當的實用價值，從此她不再任餐廳予取予求，為那些處理好、整盤端上來、卻瘦扁得不像話的蠔，付出貴好幾倍的價錢。她不認為伯納是認真地想學中文，但至少他學會了怎麼說「小姐，一起去喝咖啡吧！」跟「我愛妳，去妳那兒還是我那兒？」等等對他來說也頗實用的句子，所以，往好處想，他們可不是各取所需，皆大歡喜？

今天巴黎的天空一反往常的陰沉，處處現出湛藍和金色的笑顏。心情不由得也開朗起來。即使地下鐵帶她進入一成不變的黑暗王國，即使電車慘白的燈光，掃落陽光在她髮稍留下的最後一絲溫暖回憶，她仍然固執地相信，今天，一定有什麼好事會發生在她身上。

她抓著車上的扶桿，思緒飄到不可知的遠方。再把它抓回來時，她注意到斜前方那人攤開的書裡，夾著莫迪里亞尼（Modigliani）的書籤。這位莫先生並不是她往常特別喜歡或關注的畫家，但是今天，不知怎地，突然覺得畫中女子的眼睛充滿一種無言的溫柔，溫柔得讓她心動，連女人那長得不像話的頸子，也傾訴著說不出的婉約，嘴角那一絲淡得快看不出的笑意，擴散在冷冷的空氣中，那一瞬間，慘白的燈光彷彿也暈上一抹紅橙色的甜蜜。

終於有座位了，她在那人對面坐下來。換個角度，莫迪里亞尼的女人彷彿換了另一種風情，對她微笑著。看書的女子驀地抬起頭來，臉上居然帶著莫氏畫筆下女人一樣的溫柔笑顏。

但她不是女人，他溫柔頸項上的喉結說明了一切。

文森有張漂亮得幾乎不像男人的臉龐，眼睛藍得像那天巴黎的天空，透明澄澈，藏不住一絲陰霾；薄薄的嘴唇捲出玫瑰花瓣精雕細琢的弧度，微笑時就像是蓓蕾緩緩打開，把春天帶到人間；連他說話也是那樣輕聲細語，將法文的陰柔發揮到了極致。那個「r」音真是無懈可擊，沒有某些法國人那種近乎西班牙或義大利式的吵雜氣聲，清淡的像英文的「h」，但你就是知道他確實是輕震喉門，發出那個優雅，若有似無的氣音。再怎麼專注仔細聆聽，就是聽不到那股「氣」，卻很清楚它是存在的。這是種只能用直覺解釋的神奇。

如果亞德尼斯 (Adonis) 真的存在，一定就像他這樣吧！

「愛——雲——。事實上妳的中文名字和法文的『愛蓮』(Hélène) 還比較接近呢！為什麼堅持要人用英文發音的『海倫』(Helen) 叫妳呢？」

「就是因為接近我的原名，所以我不喜歡。如果我要一個外文名字，我希望它給我一個全新的自我。」

「為什麼是海倫？妳特別喜歡這個名字嗎？」

「我要這個名字。如果我是傾國傾城的海倫，帕里斯王子 (Paris) 會拜倒在我的腳下。所以，熱戀著巴黎 (Paris) 的我，找不到比海倫更好的名字了。」

「說得好。都說海倫是禍水，但畢竟特洛伊戰爭真正的贏家還是她。帕里斯死了，特洛伊慘遭屠城，勝利的希臘人為十年圍城也付出不少代價，只有海倫還是舒舒服服地回去做她的斯巴達王后。」

文森正是她夢中的典型。她很納悶為什麼等到現在，才終於有這樣的男子出現在她生命中。她一向喜歡娃娃臉，看來有些稚氣的男生，但生命硬是跟她開了個大玩笑，她的前任個個都是「粗壯」型的，有些是個性幼稚，臉蛋兒可一點都不如此。

文森帶她到龐畢度，在美術館裡耐心的為她解說莫迪里亞尼、夏卡爾 (Chagall)、馬諦斯 (Matisse) 的作品，當她買下那張為他們結緣的莫迪里亞尼海報時，那張可愛的臉上浮現出淘氣的笑容：「送給我吧！」

「好，我再去買一張。」

「不行，」他任性地撇起那張形狀美好的嘴，「不准妳再買，我就是要妳買的獨一無二的這一張。」

她覺得很納悶，但也沒說什麼。隔幾天他把那張畫裱好送來，她感動得幾乎落淚。他自告奮勇地幫她掛到牆上。

「喜歡嗎？」她點點頭，「你對我真好。」

「能為美麗的女士盡心，是身為法國男人的幸福。」

他帶她到一家名為「亞馬遜」的餐廳。一進門，侍者馬上親熱地在文森雙頰上啄了兩下：「近來好嗎？哇，」不可置信地，「今天帶女孩子來？」

她感覺所有人的目光都集中在她身上，身為女人的光榮莫過於此。

「你和他們很熟？」她問。

「嗯，我和朋友常常來。這是家不錯的餐廳。」

「在亞馬遜，我們吃的是什麼？」

「抱歉也許要讓妳失望了，還是法國菜。」

燭火在他臉上投下抒情的光影，一杯酒下肚，他臉頰上竟泛起了紅暈，暈得她心裡也熱烘烘起來；儘管她仍面不改色，但是終究醉了。最是醉人的畢竟不是酒。

「你比我還能喝呢，海倫，妳真是比法國人更加法國。」他的笑顏在夜色中擴散開來，迴旋，盪漾，她不由自主地也被捲入這波漩裡，一顆心在暈眩中悸動著。他送到門口，「謝謝妳，親愛的海倫，謝謝妳陪我渡過一個美好的夜晚。」他在她雙頰印上兩個甜蜜的吻。她的心因期待而痛苦地抽搐著，還沒有呢，她在心裡吶喊著，這個夜晚還沒有結束，文森，還沒有結束啊……。

月光在他臉上變幻著魔法，那張清秀的臉竟也透出一分妖氣，氤氤氳氳把她整個人裹了起來，煙雲裡像是有千隻鉤子，劃穿了她的衣裳，鎖進她的皮肉，緊得她無法呼吸。

他走了。這是她回過神後發現的第一件事。

一千隻鉤子隻隻從她身上脫落，在這寂靜的夜裡，那清脆的墜聲顯得無比清晰，她覺得異常衰弱，像是身上最後一滴血，都隨著這些兇器離她而去，只留下一個空空的軀殼，暴露在慘白妖異的月光下。

她請文森到家裡來吃飯，當那一盤碩大的生蠔上桌時，他眼睛亮了起來：「哇，全都是妳自己開的？天啊，海倫，妳是我認識第一個會開生蠔的女人。很辛苦吧？妳該等我來幫妳弄的。」

她笑著說沒什麼，心裡饒富興味地想著，文森那雙柔軟、藝術家似的手，拿來開生蠔似乎有點不太搭調。維納斯和亞德尼斯在一起的時候，開生蠔的是否也是維納斯呢？

她看著他愉悅地把生蠔划入口中，心裡激起了一股近似母愛的情懷。他太瘦了。她想像著那張可愛的臉蛋底下，必定藏著肋骨凸顯的胸膛，幾乎沒什麼肉的臀部……。如果他們住在一起就好了！她一定會把他養得白白胖胖，帶出門的時候妒死所有的女人。

心裡這樣想著，不知不覺話兒從她嘴裡探出頭來：「我想搬家。」

「咦，為什麼，妳不喜歡現在這裡嗎？」

「也不是……」她忙著搜索一個藉口，「只是……其實我一直想住在拉丁區。」

「好啊，下次有機會我幫妳留意一下。」又是那個惑人的莫迪里亞尼微笑。

「那你呢？你要不要來做我的室友？」她儘量讓語氣顯得自然，像是一時之間蹦出來的點子，「兩個人分攤開銷，可以省很多喔！」

「我嗎？」他的語中帶點遲疑，「我目前還沒有搬家的打算。」

「這樣子啊。對了，你從來沒有請我去你家玩過呢！你住的地方如何呢？」她以好奇來掩飾失望。

他顯得有些侷促，「就是兩房一廳，沒什麼特別的，只是我室友怕吵，所以事先講好了，都不帶朋友回家。」

「真的？那多不自由。你真的不想搬？」

「他人其實不錯，不是妳想像的那樣……」

憑女人的直覺，她知道他一定隱瞞了什麼。到底那是室友還是他女友？他是那種腳踏兩條船的人嗎？她皺了一下眉頭，手上這個生蠔有點苦澀的怪味，也許不新鮮了。

「啊！」她的手滑了一下，鋭利的蠔殼劃過指頭，留下一道漂亮的血痕。她呆呆地望著決堤而出的血珠，連蠔殼落地了都茫然不知。

「小心！」他捧住她的手，仔細的檢視傷口。他沒有像電影裡常出現的場景，那般溫存地吮著那隻手指；但是他掌心帶著的魔法，已經足夠點起一團新的火苗，那暈眩的感覺再度燃起。

「妳還好嗎？」他關心地問著。如果那天晚上他沒有明白，如果那天的月色掩去了她眼底的情意，現在，當他接觸她的眼時，他什麼都知道了。法國人以天鵝絨的豔色來形容脈脈含情的眼（yeux de velours），她相信在那一刻，不只是天鵝絨，絲緞、雪紡紗都可能在她目光中流轉。她索性放膽現出眼底那幅各色織錦勾勒出的無盡纏綿。

但是在他眼裡唯一能找到的回應，是一絲驚惶。於是她知道，什麼都完了。

桌上的生蠔張大無辜的眼，看著沉默不語的二人。她覺得吞進肚子裡的，是一隻隻含淚的眼，含著她沒有流出來的淚，她靜靜聽著那淚水點點滴落胃壁的聲音——滴答，滴答。

隔了兩個禮拜，當文森再打電話給她時，她真是第一次深刻體會，什麼叫恍如隔世。以為再也見不到他了，他和她約在「亞馬遜」見面。

他在門口高揚的彩虹旗下招手，依然是那個牽引她呼吸的笑容。

Ziggy, il s'appelle Ziggy, je suis folle de lui
季奇，他的名字叫季奇，我為他瘋狂
C'est un garçon pas comme les autres
這是個與眾不同的男孩
Mais moi je l'aime c'est pas ma faute
但我愛他，這不是我的錯
Même si je sais qu'il ne m'aimera jamais...
即使我知道他永遠不會愛我……

法繽・提柏（Fabienne Thibeaut）悠揚的嗓音恣意流瀉，飄盪在兩人的沉默中。酒杯裏映襯著燭光的銀白色液體，燃起千千萬萬四處流竄的小火花，他不住地搖晃那高腳杯，自然，沒有一點火苗因此被澆熄。

半晌，他擠出一個笑容，少了一分慣有的溫柔，多那麼一分罕有的決心。

「上次來的時候，妳是否注意到這裡和別的餐廳，有什麼不同的地方？」他問。

「我……不知道。」環視了一周，她搖搖頭。

「妳再猜一猜。」

她再仔細地審視一次，餐廳的佈置帶著熱帶的氣氛，前方的柱子披上香蕉樹結實纍纍的彩妝，其後的壁上，則描繪某個失落的地平線那端美好憂鬱的熱帶神話；左方的壁挺著一塊塊仿造的砂岩，踏著它們一階階而上，虎皮的橫飾帶中嵌著一尊表情詭異的神像，睜著一雙不動情的眼，直視著從天花板扭曲著黑色身子，對祂吐出金色蛇信的滷素燈。真的是亞馬遜嗎？她覺得像來到了墨西哥，置身於猶加敦半島的叢林金字塔前，徒勞地想從馬雅的神祇嘴裡，套出遺落了千年的藏寶祕密。昏眩感再度襲來。在她頭頂上發著紅光的真是小火爐，還是熱帶炙人的豔陽？

文森從她發紅的臉蛋猜到一點玄機，隨即招手喚來侍者，把小火爐從她頭上移開。

「覺得好一點了嗎？」

她重新找回呼吸。餐桌上打扮入時風度翩翩的男士們，和善的侍者，她只覺得這是家讓人愉快的小餐廳，當然，也許有點奇異的氣氛，但說到特別的地方……

她再搖搖頭，半開玩笑地，「來這家餐廳的，好像個個都是帥哥。」

她突然發現餐廳裡女客極少。是了，這桌，那桌，都是兩個男的，那邊那桌四個都是男的，對面是兩男一女，兩位男士穿的是一模一樣的衣服。

她明白了。

「海倫，我……對不起，我也許一開始就該說清楚，但我想我們就只是朋友……我……對不起，我真的很喜歡妳，如果，如果我能愛上女人的話，我一定會愛上妳的，海倫……真的……對不起……」

她望著她美麗的錯誤，她的亞德尼斯。打一開始他就不是亞德尼斯，他是納西色斯（Narcissus），愛戀著與他同樣形象的那個性別。

沈愛雲，二十五歲的臺灣女子，陰錯陽差地，愛上比她小兩歲的同性戀男孩文森．加尼爾。兩人都覺得很抱歉。

其次選定要下刀的地方。蠔殼本身大致是個扇形，較為窄小的尖端，就是蠔刀該插進去的地方。一手握住蠔殼，持刀的手往尖端使力；著力點要抓好，盡量往下，往內插入，握著蠔殼的一手要穩定，千萬小心，蠔刀是很銳利的。

她還是搬離了原來住的地方。什麼都帶走了，只留下那幅莫迪里亞尼的畫。當然捨不得，可是，即使她可以忽略那個精緻的畫框，可以不要想起那雙把畫掛起來的修長手指，她仍無法逃過那個無限溫柔的笑顏。在無數失眠的夜晚，那個笑顏輕輕悄悄地，唱著托起她靈魂的催眠曲；見不到文森的日子裡，是它一直孕育她的憧憬和執念。只要有它的存在，她永遠都會憶起文森・加尼爾的眼睛。

回到舊居取信的時候，房東說文森來找過她幾次，那幅畫也是他帶走的。

「他非常堅持，說妳沒有帶走，一定是要留給他的。」

「嗯，沒關係，謝謝你。」

新居樓下住了一個東方女孩子，她們沒有因地緣或種族關係，而特別熟稔起來，平日碰見的對話，也只局限於「早安」和「晚安」，連彼此的名字都不曉得。雖然對方的口音，讓人懷疑她的母語也是中文，但面對著她的冷淡，實在是提不起深究的興趣。

某天回家時，迎門就撞見匆匆下樓的新鄰居，濃妝豔抹的，披著嚇死人的貂皮大衣，踩著盛氣凌人的高跟鞋，人都走遠了，香奈兒五號的味道還飄盪在樓梯間。她從窗口望下去，禿頂圓肚的法國男人捧了束鮮花等在門口；她下來了，滿面春風地步入他的轎車，揚長而去。

好一陣子沒去上法文課。日復一日單調無趣的文法讓她厭煩，她懷念著所有和文森的交談，從他的對話裡學來的遠比課堂上充實，有意思多了。但是，文森！文森！為何總是無時無刻地想著他？這樣的日子要持續到何時？

天氣漸漸暖和，男人們的荷爾蒙也開始復甦，今天一整天搭訕的人不斷，煩不勝煩之餘，又令人歎為觀止。為了買點小餅乾她晃到馥香（Fauchon）去了，經過瑪德蓮寺院（Madeleine）的時候，台階上擁吻的一對情侶讓她停下了腳步。靠在希臘式巨柱旁的他們看來是那麼渺小，柱頭雕飾的一個浪花，都能輕易把兩個螻蟻似的身軀淹沒；但他們卻又如此理直氣壯地吻著，彷彿天地之間沒有什麼氣勢能壯過他們的愛情，即使那宏偉的巨柱有朝一日傾倒在他們腳邊，他們仍是會這樣地吻著。

令人暈眩的窒息感。春天真的到了嗎？

馬上有人殷勤地問她還好嗎，有沒有需要效勞的地方。分不清是法文本身還是那人語氣的溫柔，一陣致命的脆弱感，想讓她攀著對方痛哭一場。但她最後還是快步走開，連回頭看那陌生男子的勇氣都沒有。她的確需要一點安慰，但不是一夜之歡。

沒在街頭閒蕩的時候，她不是泡咖啡館，就是博物館。不再去龐畢度，她現在的新寵是羅浮宮，決心從現代藝術中抽身，遠離莫迪里亞尼，把自己放逐到更久遠的過去；而這個躍進也真是極端——她回到的是希臘羅馬時代。

是另一個美麗的錯誤嗎？希臘羅馬的雕塑並不是她原先的目標，在龐大的藝術寶殿中迷失了方向的她，穿過數個迴廊階梯，竟發現自己置身於那著名的斷臂維納斯凝視下。

要是往常，在熙熙攘攘的觀光客和閃個不停的鎂光燈中，她根本無法擠進維納斯的身邊。但羅浮宮的夜是神奇的。那是另一個世界，白晝的塵囂和它毫不相干，人群散了，蒙娜麗莎總算得到片刻安寧，四處延展的寂靜帶著魔法，藝術精品在它的招喚下逐漸甦醒，對雕像而言尤是如此。

她從沒想到竟然有機會，獨自與維納斯做這樣的親密對談。看著她的那雙超越永恆的眼，那麼親切慈藹，像是母姊；卻又那麼莊重肅穆，充滿女神的威嚴。女神的唇緊閉著，但她聽到祂的聲音：是的，我都知道。於是她感覺到女神無形的手臂擁著她。

「對不起，小姐，我們要關門了，出口在妳前方左側，謝謝。」

管理員的聲音把她喚回塵世，但那天晚上離開博物館時，她的腳步輕盈得踩不著地，就這樣一路飛回家。

隔天她馬上到羅浮宮辦了會員卡。

穿過卡西亞提得室巨大的少女柱，愛琴海的風迎面而來，帕德嫩神殿的斷壁殘垣對她訴說著千年的滄桑；長廊的一端是高大宏偉的悲劇繆思，布袍裹住的厚實身子，沒有維納斯曼妙輕盈的體態，彷彿人類歷史的沉重，也加在她的身上。女神的表情是嚴厲的，斥責著芸芸眾生的愚蠢與輕浮；她手上的面具扭曲的悲戚面容，讓人無法平心靜視，悲劇的誕生，不就在於人無可救藥的作繭自縛劣根性嗎？

上樓時一眼就看到那個中年法國男子，在她不知名的芳鄰門前徘徊，由於之前打過幾次照面，她禮貌性的給對方一個微笑和「晚安」，朝著自己的房間邁進。但是她發現對方跟了過來。

「對不起，小姐，」他叫住她，「我的朋友還沒有回來，能讓我到妳那兒等一下嗎？」他必定是讀出她臉上的漠然，很快又補上一句：「我不會待太久，真的，我想她馬上就到家。」

「很抱歉，我真的愛莫能助。」她做出同情的表情。「家裡沒有咖啡招待你，而且我男朋友在等我，也不能陪你聊聊。既然她馬上回來，你就再忍耐片刻吧。或者你可以到對面那家咖啡廳坐坐，從那兒你看得見她房裡的燈，就知道她是否回來了。」

她當著他的面，以她從法國人身上學來最偽善最迷人的笑容，關上了門。

鬱金香和黃水仙的季節。車站、街角處處有著兜售鮮花的小販，那一束束繫成一團黃繡球的水仙，像是巴黎發出的春之祭邀請函。在暖和的春日下，巴黎竟也下起雪來了！光禿禿的樹梢勾著嫩綠的芽，遠望過去，似是點點綠色的雪花，飄撒在成排整整齊齊的樹椏間，穿梭其下的行人也籠罩在這嫩綠的喜悅裡。

形單影孤的臺灣女子漫步在春天的塞納河畔。在春風裡她覺得無比地充實，卻又是無比地失落。

「小姐，能請妳喝杯咖啡嗎？」

她看都不看對方，就說了聲不，但一束水仙舉到她面前。是她芳鄰的中年男友。

當她隨他走進沙特雷廣場（Place de Châtelet）一角的咖啡廳時，心裡想著人到無聊時，真是什麼事都做得出來。

男人名叫巴斯卡，四十四歲，在法國電訊公司上班。長得其實不壞，可以說以他的年紀來講，保養算相當不錯；當然，頭髮再多一點，會更吸引人。

「法國電訊油水很多吧！」她隨口問問。

他否認了，「哪裡，我只是個小職員，小薪水階級。」

她想到芳鄰那件看起來很昂貴的貂皮大衣，但沒再多說什麼。

他是聰明人，三言兩語之間，就知道她不是能釣得上的女孩，反倒放開心胸天南地北地跟她扯。他結過一次婚，但老婆和人家跑了，丟下一個五歲的小男孩讓他照顧，更絕的是老婆和她情人在他對面的樓租了個公寓，房間又正對著他的房間，根據她的邏輯，說是要看小孩很方便；但大多時候，他們所做的是彼此大眼瞪小眼，有時那位情人先生也插入一腳，三人錯綜複雜的視線纏成一團。他把小孩交給母親照顧，有空時就到鄉下去看看他們，沒多久老婆和她情人也搬走了，不曉得是因為看不到孩子，還是那個男的再度失業的緣故。

「你們離婚了嗎？」他搖搖頭。

「為什麼不？」

「安全保證。免得我有機會又結婚。」

「他們呢？他們不想結婚嗎？」

「何必呢，反正在法國，結不結婚差別就在一張紙。沒了那張紙，人才真正能達到愛情自由的境界。她是跟我一樣，結了一次婚，學了一次乖。」

他發現這樣的生活很適合他，沒有婚姻孩子的牽絆，隨心所欲自在逍遙，身邊也從沒缺過女人；她的芳鄰，只不過是他眾多大小挑戰中的一個，根據他的說法，還是不怎麼起眼的一個。

「她想跟法國人在一起，我想要個女人，事情就這麼簡單。」他聳聳肩膀，「我不否認身為男人有男人的生理需求，而我們會知道該找哪種女人來滿足，但是，」他露齒一笑，「我還是喜歡而且需要和妳這樣的聰明女孩交談，這也是一種心靈需求吧。」

她看向窗外，沙特雷廣場中心立著一個埃及風雕像，目光不覺便集中在它四面的小人面獅身上。法國人啊法國人，她相信在海枯石爛之際，即使舌頭的主人早已萬劫不復，無跡可尋了，他們那一根滔滔不絕的辯舌，還是會永垂不朽，甜言蜜語依舊能源源不斷湧出，像打開水龍頭一般。她也相信他在能滿足他生理需求的女人面前，一定又是另一番說詞。

不管送花人的心意如何，水仙花畢竟是美麗的，不該糟蹋花的這番心意，她把它們插進她藍玻璃的瓶裡。

「海倫，我們要關門了。」現在那個希臘羅馬雕像部的管理員已經認得她，也知道禮拜三晚上，羅浮宮夜間開放時刻，她多半會來。

「我能不能拜託你一件事，吉爾？」

「八成是什麼非法的事，不過小姐，我這個人多少還有一點良心，我不會幫妳盜取國寶的。」

她定定看著他的眼：「我想在羅浮宮過一夜。」

「妳如果不想回家的話，還不如來我家，我保證不會讓妳凍著的。」他朝她擠擠眼睛。

「吉爾，我是認真的，我不能在女神的腳下渡過一夜嗎？你只要假裝沒有看到我，不小心把我鎖在這個博物館裡面……」

「不可能的，海倫，就算我沒看到妳，我其他的同事會看到，而且警戒系統一啟動妳怎麼辦？海倫，現實總是沒有想像中浪漫，但是，我倒是可以給妳一點小特權。趁著現在沒人，我幫妳把風，妳可以給女神一個甜蜜的擁抱。」

她的眼光轉到旁邊的阿波羅身上。想也不想地，她伸出雙臂擁住太陽神，墊著腳，把自己的嘴唇貼在雕像冰冷的唇上；回過頭來，給目瞪口呆的吉爾一個挑釁的微笑。

「可惜了，應該印在這裡的。」當他們走出展覽室，吉爾指著自己的唇這麼說。「一起去喝一杯如何？等我一下，馬上就好。」

巴黎的夜是不眠的。晚上十一點，正是咖啡廳、pub 人氣鼎旺的時分。夜的魔法展著無聲的翅膀，密密地覆蓋世紀末的星空下縱情享樂，亦或黯然神傷的人們。

「對不起，妳介意我抽根煙嗎？」她想說「會的，我介意」，但那句「沒關係」不知不覺出了口。

吉爾掏出煙，就著桌上那昏黃的小油燈點上，呼了一口氣，那盞小燈就整個地籠罩在一片蒼茫的霧色裡。他似乎很滿意自己的傑作，孩子氣地又對著身旁那盆綠色植物吞雲吐霧，欣賞著裊裊的煙雲從葉縫裡伸出胳臂，彷彿在昏黃的午後慵懶地打著呵欠。

「為什麼來到巴黎？海倫？」他小心翼翼地把煙團避開她，「妳也是來尋夢的嗎？」

「也許。」她的眼睛心不在焉地越過他，飄向虛無縹緲、不可知的彼方。「當我剛來到巴黎的時候，我以為我是來尋夢的；現在，我真的不知道我要的是什麼。是夢醒了呢，還是夢碎了，或者，夢根本就不存在，只是我自己一廂情願。」

「或許妳其實已經在夢裡，只是妳不自覺。但夢不正是人自己編織的？只有妳自己才能為它的存在賦予意義；夢的存在、夢醒、夢碎，完全依存於人的主觀意識，不是嗎？」

「我對人的意志決斷力沒有那麼大的信心。有時我寧可相信人的動物性，有時我會覺得人的尋夢過程，不過是原始本能的一部份，沒有那麼深刻的哲學涵義。」

「那麼何必想那麼多呢？就憑著妳的本能一路走下去就好了！」

「問我為什麼的是你，不要忘了。」

「對不起了，」他扮個鬼臉，把煙蒂捺熄，「請原諒我法國式的粗俗和吃飽了沒事幹的詭辯。」他舉起酒杯，「敬親愛的本能！Carpe diem！及時行樂！」

空氣中響起酒杯相觸清脆的聲音。她隔著酒杯望著吉爾，或是玻璃的折射或是燈光的影響，他灰綠色的眸子泛著藍光。

「怎麼？」那雙眼睛頑皮地笑了起來，「我眼裡有什麼東西嗎？」

她搖搖頭，再舉起酒杯：「這是白雪公主後母的魔鏡，要照出你的原形來。」

「親愛的，如果這魔鏡真能照入我靈魂的深處，妳將會看到一顆只為妳跳動的心。」

她已經學會怎麼不再為這樣的話語臉紅或驚惶。

在無數慵懶頹廢的曲子之後，愛拉・費茲傑羅 (Ella Fitzgerald) 愉快地歡唱：

Heaven... I'm in heaven
天堂……我在天堂裡
And my heart beats so that I can hardly speak
我的心如此雀躍，幾乎無法成言
And I seem to find the happiness I seek
我似乎找到我追尋的幸福
When we're out together dancing cheek to cheek...
當我們一同出遊貼著面頰跳舞時……

她一直很喜歡這個歌手和這首曲子，但頭次有「此情此景，唯有此曲」的深刻感受，是在前陣子看的某部電影之中。在片裡，女主角懷著忐忑不安的心與無法驅散的不祥預感，期望在一切都太遲之前，趕到情人身邊去；在她以為即將再度失去所愛的人時，得到他平安無事的消息，那一瞬間，所有台詞被巧妙地剝離，她的心情，就由奔放而出的這首歌來表達。天堂，那一刻的女主角真是在天堂之中；而那一刻在電影院的她，藉著這個音樂分享了她的喜悅，也是一樣的天堂。

「跳支舞嗎？」

她猶豫了一下。這裡連舞池都沒有，畢竟不是跳舞的地方，雖然有人跟著音樂搖頭擺晃著身體，但沒有人真正站起來在還蠻寬闊、頗可以伸展的走道隨性起舞。

「為什麼不？你不是喜歡這首歌？」

她從沒說過。吉爾一定是從此刻她的眼神，她的肢體語言讀出來的。她伸手接觸他邀請的手。

「謝謝你。」她很真誠地，感激他為她掌握了這片刻的美好。

「不用客氣。」他把臉頰貼了上來，笑了，「我也是在天堂裡。」

她提著兩打生蠔，滿心愉悅地踏進家門，正好撞見巴斯卡從他的棗紅色雷諾車裡出來。他非常殷勤地接過她手裡的生蠔，一路幫她提了上去。在門口道了謝，準備進門時，他攔住她：「需要人幫妳開生蠔嗎？任由女士被蠔殼割傷手，不是紳士的行徑。」

「謝謝你的關心。我自信技術沒有那麼差，你大可不用在我真被割傷前，先下這個預言。而且，」她朝芳鄰的門口努努嘴，「你還有別的事要忙吧？」

他搖搖頭。「結束了。」

「那麼你今天來……？」

「正好開車經過，看見妳大包小包的，決定表現一下騎士精神。」他無視於她一臉的不信，「怎麼樣，盛情感人吧，可以賞我幾個生蠔嗎？」

心情不錯吧，她發現自己不是那麼想說不。

巴斯卡非常識相地馬上開始工作。一轉眼二十四個生蠔全上了盤，手法十分俐落，比起她前男友伯納有過之而無不及。他只給自己留了四個，其他的全擺進她的盤子，竟奇蹟地堆成頗壯觀的生蠔金字塔。

「多吃幾個嘛！」她決定好好表示招待的熱誠，「真的，我一個人吃不了那麼多。」

「不，妳一個人足足能吃完兩打。」他對著她笑，「妳的臉上就寫著：我愛死生蠔了。」

「無功不受祿，若我要吃兩打，我只吃自己開的兩打生蠔。你出了這麼多力，理應多吃幾個。」

「我說了，幫妳開蠔是我的榮幸；如果真讓妳過意不去，我就再拿兩個，這足夠了，謝謝。」

於是兩人開始大快朵頤。

「從我們上次分別以來，妳換了多少個男朋友，嗯？」他不經意地問。

「沒有你換女人的頻率高，這是肯定的。」

「哪兒的話，」他拿起餐紙拭嘴，「就連眼前這一個，交接得還不太穩當呢。」

「樓下的？」

他點頭，「獅子大開口，她想要個名份。」

「這也很自然，你不會是第一次碰到這種例子吧！」

「這樣的事即使不是第一次，還是一樣棘手，她是外國人尤其麻煩，居留卡到期了，什麼花樣都使得出來。」

「人家也許是真心的。」她這句話說得不太認真。

「真心也好，虛情假意也好，我都無法奉陪。等妳到我這年紀，妳就曉得男女在一起，重要的不是心意誠摯與否，而是在一起這個事實，這個片刻的擁有。」

「我實在不曉得這個哲學，跟年齡還是民族性關連比較密切。有人也跟我講過差不多的話，但那個人比你小起碼二十歲。」

「那個人已經成為妳的過去了吧？」看她點了頭，他繼續說道，「瞧，基本上的差別，在於年輕人把它掛在嘴上，當分手時的台詞，而當妳遇到像我這樣的老好人，對你說這樣的話，是再懇切不過了。」

她搖搖頭，「對我來說，這點分別並不重要；當人現實一點時，或情勢逼迫人要現實點時，重要的是聽完這句話以後，有沒有明天。」

「妳這年齡實在不是為明天擔憂太多的時候。說真的，妳考慮過年紀比較大的男人嗎？」

他看來只是開玩笑，但她決定堅決表明她的態度。「我喜歡成熟的男人，但這並不意味著年紀大的。」她坦然地看著他，「如果我只想玩個遊戲的話，我也許會和你在一起，但是，現在的我不認為我玩得起遊戲。」

他摸摸她的頭，「妳是個好孩子，妳會遇到好人的。」

她笑著搖頭，「我不認為這兩件事有絕對的關連。」

「想開點，今天陽光不是挺燦爛美好嗎？」他掏出張紙很快地寫下一個號碼，「我大概不會再到這兒來了，如果妳想找個人喝咖啡聊聊，或開生蠔的話，撥個電話過來吧。」他友善地吻了她雙頰，「再見，後會有期。」

其實他人並不壞，送他走後她這麼想著，但是，要和一個男人成為朋友的先決條件是：不能跟他牽扯上感情關係。

她從背包裡掏出素描簿和鉛筆，開始把眼前狩獵女神的美姿一筆筆忠實記錄下來。打從中學的素描課以來，已經有許久沒動過筆了，女神的臉龐在生疏的筆法下漸漸扭曲，到最後，她終於無法忍受而把那一頁整個撕下，正打算毀滅它存在的痕跡，旁邊有人伸手把它搶去。

「何必呢，」是吉爾，「沒有那麼差嘛，而且每個人有權力塑造自己的女神，不是嗎？」他在她身旁坐下，「連妳現在看到的，也不過是個仿製品。」

「是的，大師的真蹟已經不再，我們今天所能做的，是從之後的模仿者作品裡，追溯到一點他的風采。但是，」她停頓了一下，「人家的模仿品是羅馬時代的，這一點就比我的值錢。」

「妳這張畫放個兩千年一樣值錢。可惜這個任務，可能要交給我子孫去完成了。」他很自然地把手臂繞到她肩上，「喜歡普拉西泰爾（Praxiteles）嗎？我也是，雖然我們只能憑著羅馬雕像的仿作，去想像這位希臘雕刻大師的原作。」他停在她肩上的手，開始輕輕地撫摸她暴露於春衫之外光裸的臂膀，當他繼續說話時，她感到聲音從她耳際低低地傳過來：「吸引妳的也是他那圓潤得無懈可擊的線條嗎？在前期的雕刻家追求力所營造出的運動員式美感時，他嘗試著要表達的，是一種很女性，優雅溫柔的曲線。」他的手輕柔地沿著她腰身而下，不帶痕跡地移到她大腿上，「看看這個亞特蜜絲（Artemis），妳能想像她和隔壁那尊領著獵犬，張弓蓄勢待發的狩獵女神是同一個人嗎？不，她舉起的那隻手臂，沒有一條繃緊的筋肉。我們能想像的亞特蜜絲，總是和弓箭獵物扯在一起，也永遠是英武多於溫柔。但是普拉西泰爾的亞特蜜絲，眼裡的柔情是石頭也會心動，那是戀愛中女子的眼神，她必定是注視著安迪梅恩(Endymion)，她生命裡唯一的愛戀；那個優雅的手勢，不是要把信徒們奉獻的外衣披上，她是要把它披在沉睡的愛人身上。」

他的聲音越來越低，但一個字一個字都是那麼清晰地飄進來，在最後一個字的餘音裡，她感覺到他柔軟的唇觸上了她的耳垂，在同時他的手像隻卓越的素描筆，精細地勾勒出女體腰、臀和大腿間動人的線條。

小貓兩三隻偶而晃過他們身後，但沒有人掃興到打擾藝術家專心一致的工作。

她並不討厭吉爾，以及他的撫觸。在那一瞬間她有點恍惚，頭腦一片空白，雖然吉爾的解說依然清清楚楚蕩進耳膜，但他懷裡那個身子好像已不是她的，那是一隻古老的七弦琴，而吉爾正撫琴唱著一首失傳已久的情歌。

「跟我去特洛伊吧，海倫……」那好像是歌詞的最後，而歌者的手彷彿悄悄滑進她大腿內側。

當他完全迷失於自己營造出的幻境時，她卻全然清醒了過來。特洛伊失陷了，她不是海倫，他也不是帕里斯，他們只是一對在羅浮宮雕像前調情的青年男女。之後呢？當然不能在這裡。吉爾會問去妳那兒或我那兒，當然，也必須要等到他下班後。

她突然發現自己在對方的呼喚下，以最快的速度衝下階梯。

當室外的冷風使她稍微恢復平靜時，她發現自己正呆呆站在燈火通明的金字塔前，而那完美的三角輪廓，在淚水中逐漸模糊。

以為自己已經忘了那個號碼，但一拿起聽筒，它卻那麼自然地從記憶中躍出，毫不費力跳進她準備撥號的手裡。

「喂……」

文森的聲音從電話線另一端傳來，她遲疑了，該不該回答呢？勇氣在一瞬間瓦解，慌亂地，她看著它像沙漏裡的沙一般無情流逝。

「海倫，是妳嗎？喂，海倫，海倫……」

第一次聽見他這麼激動，不自覺地，她的回答幾乎要破喉而出，被捲進他聲音的渦漩裡，但門口突然傳來粗魯而不耐煩的敲門聲，她像受了驚的小鳥，失手把聽筒掛了。是悵然，還是失了神呢？她任那無禮的訪客敲了好一陣子，才起身去應門。

她起先認不出門口這個T恤短褲，踩著雙拖鞋的女人；在她驀地驚覺那是她沒有梳妝打扮的芳鄰之前，對方已一陣旋風地掃進屋子，一屁股摔到她的寶座上，毫不客氣地：「臺灣女孩兒都是像妳這般不要臉嗎？」

「臺灣女孩個個都是有教養，禮貌周到的。」她冷冷地回了她一句。

對方想必聽出她語中露骨的諷刺，睜大眼睛瞪了她好一陣，再度開口，沒有先前的狂風急雨，但敵意仍是不減：「把話說明白吧！妳到底想怎麼著？」

「我不太明白妳的意思。」

「少裝蒜，妳背著我勾引我的男人，以為我不曉得嗎？唷，」她輕薄地笑了，「趁我前腳不在，急急忙忙把他帶進房間，夠火辣。怎麼？還滿意嗎？還是只要男人就好？」

「我不管他是不是妳的男人，妳都沒有資格為一點捕風捉影的事，對我大吼大叫，」她開始下逐客令，「我累了想休息，晚安。」

「等等，妳以為這樣就算了？」

「不然要怎麼樣？要合要分，是你們的事，與我無關，我沒有興趣，也不想管。」

「誰說我們要分來著？我只是來警告妳安分點兒，少打他腦筋，人家戒指都拿出來了，妳啊，他只是玩玩罷了，在我背後偷口腥吃，以為人家認真了？」

最後一點忍耐力也被磨光了，不管三七二十一把囉唆個沒完的她推出門，「我說了我跟他一點瓜葛也沒有，再見！」

一邊暗罵這巴斯卡居然還丟下爛攤子讓她收拾，一邊則無法決定該抱怨、還是該同情這場鬧劇的女主角才好。那感覺，就像是發現划入嘴裡的生蠔，帶著點不乾不淨的碎片。

沈愛雲，二十五歲的臺灣女子，偶然邂逅四十四歲的巴斯卡・帕松和同是二十五歲的吉爾・沙維葉。陷入若有似無的失落之中。

蠔刀順利插入以後，左右晃動一下把殼撬開，接著沿著蠔殼劃過，徹底分開上下兩片；並不是撬開蠔殼就大功告成了，愈是大的生蠔抓力愈強，若是不割開蠔殼就直接想打開它，常會弄得一蹋糊塗或導致蠔汁流失。這個動作很重要，在蠔殼上半沒有完全和下半分開之前，一切尚未結束。

生活再次歸於常軌與平淡，她終於又回到課堂上，到底，她在這邊的身分還是學生，偶而也該盡盡學生的義務；此外，她發現語言的學習與進步，是生命中比較容易掌握和得到成就感的部份，至少，跟其他很多東西最大的不同，在於它是付出努力就可以得到報酬，而且它的成果是看得到的。

班上某個同是臺灣來的同學，對於她來了這麼久，竟然不太和其他臺灣學生打交道深感訝異。她以忙和消息不靈通作為藉口，對方非常熱心地表示下次的聚會帶她去，和大家認識認識，她答應了，從沒有比此刻更覺得她的確需要朋友，雖然不敢抱太大的期望。

她的預感不幸成真。那天，她被帶到眾多同胞面前，卻覺得更加孤寂。沒有人排擠她，沒有人冷落她，但她知道自己並不屬於這群人，雖然他們都對她露出友善的微笑，她知道他們講的是另一種不同的語言——諷刺的是她和法國人講法文時，反而沒有這種強烈的疏離感。或者因為這種同文同種的場合，在眾多的同質性下，異質和孤立感更容易被凸顯出來？她靜靜地看著別人說著笑著，像是有一堵看不見的牆把她和他們隔開，或者其實在玻璃屋裡的是她，不是他們？

原本和樂的氣氛，突然因為有幾個人政治理念不合，挑起了火藥味很濃的激辯而急轉直下，溫暖的午茶時間，無可挽回地成為立法院的小縮影。避開了那好心同學關切而抱歉的眼光，她隨便找了藉口開溜，決定這將是她最後一次參加這類的聚會。

她終於打了那個電話，把文森約出來。他們在羅浮宮迴廊左翼的咖啡座見面，那天的天氣是陰沉的，金字塔塗滿了肥皂水，清潔工人的刷洗只讓人覺得煞風景，無法激起任何關於勞動的浪漫情懷，但文森的眼湛藍如昔。

「妳好嗎，海倫？妳搬走時我真是絕望極了，幸好還有機會再見到妳。」

「對不起，我只能不告而別。」她勇敢地面對他的眼，「我需要時間和空間來收斂我的傷口。」

「對不起，是我不好……」他低下那個莫迪里亞尼慣於加長處理的優美頸項。

兩人都沉默了，最後是她半開玩笑地打破僵局，「是啊，都是你的錯，誰叫你這麼令人難以忘記！」

「海倫，像妳這麼好的女孩，有一天一定會遇到很棒很棒的男孩，真的，我發誓……」

和巴斯卡一樣的台詞。但是這話的陳腐，被文森的誠摯完全驅散；他因急切而幾乎上氣不接下氣，然後，出乎她意外地，他傾身在她額上印了一個吻。她伸手撫著額頭，在那兒，她感受不到一點男女的情意，但有一絲讓她幾乎落淚的溫馨。

她告訴文森和吉爾之間的那一段，從jazz bar到博物館裡的一刻纏綿。

「之後我就沒有再見到他了。大約兩個禮拜後我再回到那兒，他們換了個管理員，他告訴我吉爾是來代班的工讀生，只是暫時性的。我們從來沒有交換電話，都是理所當然地在羅浮宮碰見……」

「妳喜歡他嗎？」

她思索了一刻，「我不知道我喜歡他，是因為喜歡而喜歡，還是因為知道見不到他了，而想要喜歡他。」

「妳問了那人，知道他現在在哪裡？」她搖頭。「妳想找他嗎？如果妳願意，我可以幫妳去打聽的。」

她再度搖頭。「我知道他是羅浮藝術學院的學生，如果我願意，其實不用太費力氣就可以找到他的。但是，這一次我想讓機緣來決定，如果我們註定要再見，他還會再出現的。」

「這不太像妳的作風。」

她聳聳肩，「也許我不夠喜歡他，也許我懶了，怕了，也許當我知道我要的是什麼，我才會全力以赴地追求。」說到這兒，兩人的臉不約而同地泛起了紅暈，「否則，我是連動一根手指都不願的消極被動。」

「妳不願為一點可能性下個賭注？」

「我是個膽小鬼，而且我對可能性已經麻木了。」她啜了一口咖啡，玩著手裡的方糖，「老實說，尤其是對你們法國人，永遠都搞不清可不可能的界限。這個男人可能昨天在舞會裡遇見我就愛上我了，就滿腦子的天長地久，而第二天，他也可能馬上告訴我這是不可能，我們已經結束了。當然，有人追求的只是一個晚上的激情，所以這也無可厚非；但是，我所無法理解的，就是即使你們是認真的，這樣的事還是可能常常發生，要法國人墜入情網好像去看一場電影一樣容易，曲終人散大家就走了，那兩個小時裡面發生的事，你能說都是虛情假意嗎？就是真心，結束依然很快。我珍視人家給我的片刻，因為我感激他為這片刻投入的真心；如果我還要求這片刻能持久，是太貪心，太不知足了嗎？」

「所以妳害怕了。妳珍惜吉爾帶給妳片刻的美好，但是妳不願意看見這片刻的結局，妳不願想像吉爾的真心僅存在那片刻，因為這樣妳分不清楚到底那是不是荷爾蒙在作祟，所以妳寧可逃避。」她不禁佩服文森年紀輕輕，分析起來可一點都不含糊，「海倫，你很清楚任何永恆都是從片刻開始的，不管多少個片刻讓妳心碎，讓妳灰心，妳還是要重新開始，而且靈魂跟荷爾蒙其實是互相牽引的，妳可以不用那麼在意誰是主導。這樣說妳會說依然很法國，可是對我來說很合理的，我是這麼相信，而經驗也告訴我要這麼相信。吉爾的事，妳可以放著就算了，他也許是，也許不是，但是答應我，試著給別人機會，也給自己機會，妳忘了你開生蠔時不屈不撓的精神嗎？」

她的笑容在暮色中擴散開來，「我不會忘記的。」

「隨時保持聯絡，」他拿起風衣披上，「對男人有什麼問題，我可以當妳的顧問，我到底也是個法國男人，雖然不怎麼能作為代表。保重了，下回見。」

她對他揮揮手，「再見，我的季奇。」她開始相信他所留下的那個傷口，已經在癒合之中了。

跟吉爾註定還有點機緣，因此那天他們竟然在街上碰到了。他懷裡摟著個女孩，看到她沒有一點不自然，大大方方走上前來吻她面頰，那重逢的喜悅絕不是裝出來的。

「這是我女朋友珍妮佛，這是海倫，我當初差點就愛上她呢！」

無法得知這只是個恭維還是真心話，就像她已無法分辨她跟吉爾之間，到底只是個「片刻」，還是真的錯過了。所以文森是對的，機會在的話永遠不要放過。

「Àllo……？」

「嗨，你好，我是何振文，還記得我嗎？」

她彷彿記得那是個身材瘦高的男孩，在上次人家帶她去的聚會裡遇見的，面孔因記憶的模糊而無法分辨，接著她又記起來，那天糊裡糊塗把電話號碼給了人家，是什麼理由呢？喔對了，是他說下次有活動可以通知她。

他告訴她下禮拜他們找了人演講，她也找了藉口禮貌地回絕了，並適當表現她的遺憾。本來預備掛電話了，但對方相當健談，有個開朗而高亢的聲音，他問候了她在這邊的日常起居，交換彼此的生活經驗、趣事、鮮事與糗事，說到興起，他會爆出一陣無法不引人注目的狂笑，並不惹人討厭，只讓人覺得他的不刻矯飾有其可愛之處。

「我是永遠的二十五歲，所以我們是同年；到了明年，妳二十六我還是二十五，我就要叫妳一聲學姊了。」

她心裡想著這人可真鮮，但不得不承認由他的談話裡，能感受到一股不尋常地對生命的熱情和充沛的活力，像個大男孩，反而與三十幾歲的他不太搭調，也許他這「永遠的二十五歲」是有他的道理。

這是來到巴黎以來，第一次講這麼久的電話，而且是個幾乎完全不認識的人，但就是那麼自然而愉悅，加上電話線那種迷惑人的近距離感造成的混淆，她覺得對方像認識多年的好友。

「有什麼事需要幫忙儘管找我，既然這禮拜妳不來，也許我們就下次見囉，還是有空出來喝杯咖啡吧，嗯？晚安，再見。」

隔幾天她想找大學或短期班課程的資料，想起何振文提過的那個服務中心，打了電話想問他詳細情形，話還沒說清楚，他非常熱心地表示願意陪她一起去，於是他們訂下了約會。

她在何振文張口結舌下，以流利的法文詢問服務人員、最快的速度找到她所要的，前後不過花了十分鐘。當她拿著資料影本示意何振文準備離開時，他一時還回不過神來。

「就這樣？」

「不然怎樣？」她笑了，好可愛的問題。

「妳要請我喝咖啡。」他走進附近一家咖啡館，對她眨著眼。

「就這樣？」她學他，「我可以請你吃飯的。」

「如果妳讓我陪妳一個下午，我會要妳請吃飯的。」他找到靠窗的位子，

「今天這杯咖啡賺得已經很受之有愧了。」

她驚異地發現當他答應陪她找資料時，已經計畫把整個下午的時間空下來給她了。原來他平常帶人來，除了幫助法文不靈光的朋友，從服務人員處取得資料，還包括坐下來和對方一起研讀，幫他們翻譯等等，所以自然一個下午都

要耗去了。

「所以我說妳這杯咖啡太好賺了，真的，我從來沒見過像妳這樣有效率的，甚至不需要我開口幫妳問。」

「那豈不是太麻煩你了？我本來根本沒有打算讓你陪我來，只想跟你要地址的。你每次帶人來都這樣全套服務，不是累死了？」

「助人為快樂之本嘛！大家出門在外，本來就應該互相幫助的；不管怎麼累，每次我只要看到我的法文和在這邊鬼混多年豐富的經驗能派上用場，幫助有困難的朋友，就覺得好快樂哦，妳不覺得嗎？」他取出一本厚得像電話簿的大記事本，給她瞧上面密密麻麻寫滿的約會時間：「看！我是大家的搬家公司、法律顧問、留學諮詢，反正任何妳想得到的各種奇奇怪怪的問題，都有人找我。」

「這麼忙？」她瞪大了眼，「什麼時候有時間做自己的事？你不用唸書嗎？」

「就是說嘛，到時候拿不到博士，都是你們害的。」

她覺得這人簡直是個不知怎麼拒絕別人的濫好人，不過心裡也不由起了一種像是愛護稀有動物的心情，畢竟這年頭濫好人已經不多了。

隔了幾天何振文又打電話給她：「我們這禮拜六要幫小子辦個慶生會，你來不來？」

小子？哪個小子？

「就是陳子明嘛！上次坐在妳旁邊，帶著金邊眼鏡笑起來嘴巴很大的那個男生。這麼快就把人家忘了？看妳和他好像聊得還很投機的樣子。我看他對妳有意思哦，就是他叫我邀請妳的。去吧去吧，撈一塊蛋糕也好嘛！」

她推辭了，「我跟他不熟禮物也沒送，不好意思去貪這一塊免費的蛋糕吧？」

「有什麼關係，反正大家熱鬧熱鬧，去的人也未必互相認識，好玩而已。去看看嘛，到時候無聊妳可以先溜；不然乾脆這樣，到時你只要使個眼色，我陪妳一起溜！」

這個建議的荒唐使她在訝異之中竟不知不覺被勸服了。

在會場她見到幾位上次看過的，不過大多數都是陌生的面孔；而何振文，不是被人群包圍，就是幫忙招呼客人，絕絕對對地分身乏術。她和旁邊剛認識的同學們聊著天，發現何振文竟不時偷空對她眨著眼，那表情豐富的臉像是對她暗示著，「嗨，雖然不能過去陪你，但是我在這兒哦！」

那個巨大的草莓奶油蛋糕果然精彩，讓她回味不已；分蛋糕自然又有何振文的份，而且，眨巴著眼，他把一塊特大，草莓特別多的送到她手上。

當她向壽星及眾人道別，並致歉必須提早離開時，何振文表示要送她，順便幫她弄電腦軟體。她不覺得這是個很好的理由，事實證明果然馬上有人起鬨，開他們的玩笑，但至少是順利脫身了，雖然以女人的直覺，她能感受到當場有不少女性同胞，以不太友善的眼光看著她——看來何振文還蠻受歡迎的。

「怎麼樣？去哪兒？」當街上的風掀起她的裙角時他問了，「今天我可是奉陪到底哦！」

「不去哪兒，我累了，想回家了。」

「年輕人怎麼可以喊累？難得有人這麼熱心要陪妳夜遊……」

「去哪兒都陪我？」她轉頭看他，臉上帶著捉狹的笑容，「如果我說現在我想跳進塞納河游泳呢？」

他做了個苦臉，「小姐，水太冷了吧！」

「才不，今天天氣這麼暖和，一定很舒服。」

「我是可以不在乎水髒啦，但是抱歉實在沒辦法陪妳——因為……我根本就不會游泳。」

她笑了，「饒了你，我們去跳舞。」

他帶她走進聖日耳曼大道(Boulevard Saint Germain)附近一家舞廳。沿著狹窄曲折的迴旋梯而下，覺得像是走進酒窖，終於到底了，呈現在眼前的是帶著迷幻色彩的水晶洞窟。

「這是我法國朋友帶我來的，地方不大，音樂也不是那麼時髦花俏，但它的變化比較多，而且，」他作出神祕的表情，「這裡有一點跟豪華的大舞廳不太一樣的地方……」

「什麼地方？」

他賣著關子不肯講。「等一下妳就知道了。」

何振文的節奏感不是特別好，舞姿也沒有什麼過人之處，但他的肢體語言充分流露出個人特有的開朗和活力，一副什麼都不在乎的大男孩的天真；舞步就跟他的人一樣，有一種自然坦率的魅力。

「為什麼這樣看我？」他問了，「沒想到我居然會跳舞嗎？」

她搖頭，「沒想到你真的是永遠的二十五歲。」

人愈來愈多，原本就不大的舞池很快被擠得水泄不通，身體漸漸無法盡情地伸展，而最後何振文竟被擠離她的身邊。一瞬間她的面前擠進十多隻手，怎麼來的她都搞不清楚，到底哪隻手屬於哪個人也無法分辨。然後耳膜間便震盪著此起彼落的邀舞聲。

她渾身乏力地搖著頭，直到那一隻隻手如潮水般退去，何振文也終於滿富騎士精神地擠回她身邊。

「怎麼樣？誇張吧！謎底揭曉：據說在小舞廳釣人比較容易成功，所以大家都特別賣力，奮不顧身。今天就讓妳看到法國人釣馬子的盛況，好玩吧！」

「看別人被釣比較好玩。」這是她的結論。

何振文去上洗手間，又有人不死心地趁機來邀舞，她慣例地一一拒絕，靠在牆角稍作休息。旁邊有個低沉的聲音突然響起，「小姐，說法文嗎？」

她看了一下，是個髮色深沉濃重，有點義大利風的男子。那個「是的」很不情願地出了口，她盡量做得很冷漠，以求澆熄對方企圖搭訕的熱度。

「好極了，這是個好的開始。」他露出討人喜歡的微笑，「妳是從臺灣來的？」

她相當驚訝，通常她只有被人當成日本女孩的份。「你怎麼知道？」

他又笑了，「運氣好。我有個表親是臺灣人，和妳長得有點類似，所以我就大膽猜妳是臺灣人。我呢，我是在法國出生的，爸爸是法國人，媽媽是希臘人，我身上就有至少四國血統。」

「還有個臺灣的表妹，真是很國際化的家庭。」

「我們家的人都很樂於發掘這種多文化多種族造成的異同與影響，以及它們所帶來的衝擊；你看就像巴黎，這是一個自由開放的城市，有寬容廣闊的胸襟，所以能吸引來自世界各地的藝術家、音樂家，也不斷地充實豐富自身的文化。」

她很想說巴黎的天空不永遠是晴朗的，巴黎的人們不永遠是友善的，但想想沒有必要跟一個素不相識的人說這些，於是笑了笑，改了口，「說到這點，或許美國相對於法國，更是個民族的大熔爐？」

對方很驚訝地看著她，「美國？那是個沒有文化的國家，是不一樣的。」

她聳聳肩，「就像有人說巴黎人跟法國人是不一樣的。」

「咦，什麼？」他好像沒有聽清楚。

「我說，就像巴黎人和外省人還是有分別的，當然，這樣的話不會是外省人士喜歡聽到的，也許我也學到了巴黎人的勢利吧。」她微微一笑，「你是巴黎人嗎？」

「我是南部來的，」他眨眨眼睛，「外省人士。」

他不知又說了什麼，遺失在舞廳震耳欲聾的樂聲中，她只好大聲對著他的耳朵問：「什麼？」

「我說，小姐，妳今天晚上的表演很精彩。」

「表演？」

「人生如戲，每個人都有自己的舞台，不是嗎？有時候，我就喜歡坐在一旁，靜靜地看別人跳舞，盡情地扭動身體，然後，很愉悅地沉思著。」

她幾乎要失聲而笑，向來在舞廳裡遇到的人只會告訴她，她有多美麗，從來沒有人跟她講些需要用腦筋思考的東西：「你是個哲學家嗎？」

他搖搖頭，「我只是覺得每個人基本上是相當孤離的個體，我們實際上過著隱居般的生活；但我相信有一天，我們能連結這一個個單獨的個體，組成一個大團體，那時將是多麼美好和諧。」他說話時眼睛仍注視著舞池裡無數熱舞的身影，嘴角浮起一個做夢似的微笑。

「對不起，你不覺得這太理想化了嗎？」

他詫異地看著她，「如果你真的這樣想，那你真是個可憐的人。」不等她回答，他繼續地說，「是的，我相信，當某一天，每個人都發現他的生命裡需要某個人，他需要愛，這些都可能實現；就像清晨起來看到朝陽對你微笑，不是很美好嗎？這個世界不是很美好嗎？」他堅持著，「不是嗎？」

她看到何振文向她走來，「嗯，你說得沒錯，失陪了。」她走過去和他會合。

「怎麼樣？」何振文問她，「他跟妳搭訕？」

她搖頭聳肩表示不清楚，「也許是傳教的，在舞廳裡，你什麼怪人都可能碰到。」

「愛雲，一起去喝杯咖啡嗎？」那天下課時，同窗的臺灣同學這樣問她。

她像是有事要說，躊躇了半天，咖啡喝了大半，不相干的事也扯了一堆，還是沒出口。最後，在咖啡杯見底之前，她終於下了決心：「聽說妳最近跟何振文走得很近？」

她皺皺眉頭，沒有回答。

「愛雲，大家都是女孩子，我說的直一點，妳不要怪我，是為了妳好。人家何振文已經有女朋友了。」

她聳聳肩，「並不影響我跟他做朋友吧！」

「當然，我只是想先告訴妳一聲，讓妳心裡有個底，比較好一點，你知道的，凡事最好是一開始就搞清楚……」

「如果在沒開始前就搞清楚，那是更好的了。」

她在那女孩臉上看到如釋重負的表情。

回到屬於自己的小空間，她終於能卸下面具，好好整理一下心情。何振文那張開懷而純真的臉孔浮現在眼前，跟著來的是那句暮鼓晨鐘的警言：他有女朋友了。

真實性多大？對她來說，真實與否是那麼重要嗎？

她是喜歡何振文的。不像喜歡文森那樣，並未曾有刻骨銘心的相思，也不像是吉爾給她的迷惘；但一想起他，就像是仰望著萬里晴空，藍得要把她整個人吸進去，裹在朵朵軟綿綿蓬鬆鬆的雲堆裡。

應該還是有必要知道事情的真相。

她打了個電話給何振文。那個簡單的問題只需要數秒鐘，但她仍花了個把小時和他閒扯，有意無意不露痕跡地，把話題引到那上面。

當何振文再度跟她抱怨外務太多，搞得他筋疲力盡時，她若無其事，以輕鬆的語氣糗他：「這麼忙，有時間約會嗎？你女朋友受得了嗎？」

從他回答的語氣，她可以想像電話線另一頭的他，必定是瞪大了眼睛：「女朋友？哪來的女朋友？」

「如果你自己都不清楚，我怎麼會知道呢？連你有女朋友的事，也是人家告訴我的。真的沒有嗎？還有人警告我不要和你走得太近，免得你女朋友嫉妒。」

「哇，是誰這麼厲害，我有女朋友居然連我自己都不曉得。」

她隨便編個故事搪塞過去，表示這個馬路消息傳到她這兒，已經轉了好幾手，消息的來源無法追溯了。

「真是謠言可畏，欸，妳知道嗎，有人還跟我說妳只喜歡法國人，不知道換了多少法國男朋友呢！喂，不會是真的吧！」

她氣得差點咬到舌頭，「你相信嗎？」

「我告訴她說我不知道有這樣的事，但妳一向對促進國民外交，呈現臺灣女生美好新形象很賣力的。」

她差點就失聲而笑，何振文的沒有惡意她是很清楚的，但他的話實在給人留下很大的想像空間。

「喂喂，小姐，睡著了？怎麼沒有聲音了？」

「沒有。」

「為什麼不講話？」

「我只是在想，怎麼有人那麼無聊地嚼舌根，亂放消息。」

「不要難過嘛！妳看像我這樣從來沒交過女朋友的清純少男，都會被人說成花心大蘿蔔，嘴巴長在人家身上，他要怎麼講你能擋得了嗎？」

她為這意外的發現大吃一驚，「你？從來沒交過女朋友？」

「對啊！」

「對不起，問你一個冒昧的問題，你已經年過三十了，從來沒交過女朋友，沒有談過戀愛？」

「對啊！」

「怎麼可能？像你這樣一定有很多女生喜歡你。從來沒有動過心？沒有喜歡過什麼人？」

「運氣不好啊，都是我在暗戀人家，好可憐，沒有人要我。」

「開玩笑的吧！」

「真的。」

她想起那次聚會，看到無數集中在何振文身上的目光，還有好心告訴她何振文有女朋友那女孩欲言又止，忐忑不安的神情。不知道該說什麼才好。

「騙妳的啦，」看她安靜了片刻，何振文又開口了，「說真的，我從來就沒有交女朋友的念頭。」

「為什麼？」

「因為……我覺得……怎麼說呢……」他不再嘻皮笑臉地，認真地想找出適當的措詞：「我想我是比較喜愛……是比較知性，不是那麼感性的人。

對我來說，在我的學習、研究領域裡面，我的興趣，像是音樂，電影啦，我已經感覺……生命得到很大的充實。我沒辦法想像男女之情這樣的東西，還能再多給我什麼。」

這樣的話在她心裡敲響了警鐘。「你不覺得你選擇男女之情這個字，已經帶有點貶低的意味？你真的相信它不能帶給你什麼？」

「妳不喜歡的話就換一個說法吧！愛情這個東西，當然我沒試過，應該是沒資格先下結論。但是，我從來不會特別想去試。而且，一個人獨來獨往多麼逍遙自在，愛做什麼就做什麼，」他又換上那個輕鬆俏皮的語氣，「兩個人愛來愛去好煩喔！累都累死了！」

永遠的二十五歲，她想著，謎底終於揭曉了。這個男人是個永遠長不大的大男孩，至少在感情上是這樣；也許有一天他會遇上真正喜歡的女孩——如果他不是同性戀的話——而她或許能讓他從這個二十五歲的夢裡醒過來，帶著他一起成長。在這個愛情神話發生之前，圍繞在他身邊的眾多女子是有苦頭吃了。

另外一個較為黑暗的可能性，就是這人其實是個情場老手，慣於玩弄這種若有似無的關係，他看似無意，但純真面孔的背後，藏著複雜的計算和心機。對他身邊每個女孩來說，他都像是她們的男朋友，但沒有一個女孩能成為他的唯一，而那個天真開朗的笑顏，就是他永遠而唯一的武器。騙財？騙色？都沒有。被玩弄的，就只是那麼一顆小小的心。

那些女子的面容，以及關於那個神祕女朋友的傳說，再度在她面前浮現。對於她們，除了抱歉，真是不知該說什麼才好。

沈愛雲，二十六歲的臺灣女子，偶然結識三十一歲的同鄉留學生何振文。無法確定他是個長不大的二十五歲，或是假冒的愛情騙子，決定不要倘這趟混水。

生蠔打開以後，不要忙著上桌。記得聞一下確認它的新鮮度。已經開始腐敗的生蠔一開即知，需要注意的是那些鮮度不佳，沒有臭味但有不太「自然」的腥味，未壞而將要壞的生蠔——那些熟吃沒有問題但生吃不太保險者。

法國人慣於用眼神尋找對象。除了那些窮極無聊或死不要臉的，不管三七二十一地瘋狂釣人以外，一般人多是見機行事，選擇四目能接得上的人。

「我也許年紀稍微大了點，但我還很行的！」──那天在超級市場，她瞧見一個年逾七十的老翁，在二度失敗後，對著落入他獵殺範圍的金髮美女，大獻殷勤。眼見三次失敗已成定局，她趕緊抽身脫離他視線可及區，以免成為第四個下手的對象。

無法不讓人不莞爾，說他老不修，倒是坦率得可愛。不知有沒有人覺得該給這份坦率一點獎勵。

在她上車後過了數站，一個醉鬼提著酒瓶走進同節車廂。沖天的酒味撲鼻而來，已讓她夠受的了，而那人又抱瓶牛飲，嘴裡喃喃地不知在嘀咕什麼，瓶裡的酒流瀉在外的，比準確倒入口中的還多，很快地，地板上描繪出蛛羅密網的威尼斯運河圖，雖然他粗嘎的嗓音，也許沒有划著小舟的義大利船伕那麼動聽浪漫。

她看了他一眼，小心地不讓自己微鎖的眉頭，引起對方注意或不滿。身在異鄉的一個東方女子，本來就比較容易成為人家注目的對象，她必須更懂得保護自己。

再把視線收回前方時，無意中接觸到對面那人的視線；雖然他面無表情，但她知道那個小心翼翼藏好、微皺的眉頭，被他看到了。已經來不及把它收起來，特別是面對他的漠然，她只有故作輕鬆，把視線移到什麼也看不到的窗外，聽著地鐵在黑暗的走道裡呼嘯，仿若漫不經心地，端詳那人映在窗玻璃裡還算清秀的臉蛋。

她沒有注意那人和她在同一站下車，一直到乘著電扶梯回到地面，他走近她身旁時，她才意識到，對方並不是她先前想像的那麼漠然。

「對不起，小姐，看到妳不禁讓我想起一個老朋友，以前的高中同學，真的，妳的臉實在像極了……對不起，可以請問一下，妳是否五、六年前也上過路易大帝高校呢？」

老掉牙的台詞。不過頗讓她感到親切，因為居然和旁氏冷霜的廣告詞一模一樣。儘管心裡啼笑皆非，她仍然很有禮貌地回答：「啊，這是不可能的。我來法國還沒有多久，不可能在五六年前，就和你一起上過同一所中學。」

太遜了吧，為本國女子準備的台詞，遇到外國女孩時，至少該換一換。她想著，臉上的笑容卻是沒有變，她饒有興味地看著對方，等著聽他怎麼回答。

他以最快的速度把話題轉離那失散多年的同窗好友，轉到她的身上，然後不停地圍著她打轉；那個與她有著相似面孔的女子是否存在，已經不重要，反正目的達到，「她」也該功成身退了。接下來約半個小時的時間，她為他長舌善舞、無中生有的工夫大為嘆服，他們就站在她公寓的門口，從個人生活、娛樂談到法國政治、經濟、巴黎治安、臺灣統獨問題、中文和西方語文的差異，天馬行空無所不及；住在同一棟公寓的幾個鄰居在進門前，都以好奇的眼光打量這對倚門而談的青年男女，有個老太太更是邊走邊回頭看，甚至上了樓，還看得見她從樓梯間的窗口探出頭張望。有好幾次她想找個話隙，禮貌地告訴對方她該上樓休息了，竟然找不到能插句話的時機，這個法國人硬是把話語的延伸度發揮到極限，奇蹟似地把所有的空間都填得滿滿的。

當然他不是像文森或是吉爾，對文藝哲學有一定程度的涉獵，有自己一套獨到的見解，他就只是個再平凡不過、多話的法國男孩；跟他講了幾句話，破綻已顯露無疑。說膚淺，好像重了點，但他似乎不是個喜歡思考的人，他所關心感興趣的，多半是眼前的、比較表象的事物；她很快地發現，她有些話他並不十分了解，或是把它曲解至他能認知的程度，然後興高采烈地附和接受。

她並不因此覺得沮喪或無聊。這種新的溝通方式，反而激起了她的興趣或好奇。她曾有過很交心的朋友或男朋友，那種可以歸類為「靈魂的波長」和她相近，但並不因此而使相互了解體諒更加容易，誤解和猜忌的可能性，反倒是沒有縮小。話談得投機，在語言文字的使用上愈是得心應手，愈是發現它的侷限，以及作為溝通工具的缺陷；剝離了話語的溝通，諸如肢體語言之類的，也許能表達語言文字無法觸及的巧妙之處，但它所留下的空白和暗示性，有時又成為無法跨越的鴻溝。

與這個在地鐵裡結識的新朋友的交談，這種以無法溝通為前提之下進行，沒有期待沒有壓力的對話，是否構成了一種溝通的新方式，在誤打誤撞之間，竟突破了太強調目的性溝通的鴻溝呢？或者人與人之間的相處，不在於了解和被了解，而在於能安於為彼此架構出來的迷宮呢？

「我曾學了兩年的英文，但已經忘得差不多了。那又怎麼樣？這不會讓我晚上睡不著。奧賽美術館？從來沒去過，你能說我不是巴黎人嗎？沒有一家舞廳是我沒有踩過的，不過當然，巴黎的夜只是巴黎的一小部份，你可以在舞廳跳到清晨四點，再回家睡一整天，那麼你所能看到的，就只有吸血鬼看到的巴黎。蠻可惜的，不是嗎？我最大的夢想，是躺在充滿陽光的沙灘上，安安穩穩地睡個午覺。我是不能沒有陽光和海的，不過就城市而言，巴黎還不壞就是啦，雖然這兒沒有海灘又常常下雨。」

「幸好巴黎還有塞納河，沒有河流經過的城市，像是失落了靈魂，不是嗎？」

「靈魂」似乎給他帶來片刻的茫然，他愣了一下，彷彿被這個字的精神超越性震住了。然後她在他臉上看到一分遲疑，吞吞吐吐地，「嗯，我想問妳，嗯，其實我想說的是，妳這個週末有沒有空，我們要不要一起出去，嗯，像是……」

她打斷他的話，「我這個週末很忙，不行的。」

以為他會再提議下個週末，或交換電話之類的，但他那好不容易鼓起的勇氣，似乎消失殆盡，在繼續跟她瞎掰了半刻鐘後，他終於再回到這個話題上：「我想，我們是不是……妳可以給我妳的電話嗎？如果妳這禮拜不行，我可以下禮拜打電話給妳嗎？我們可以一起去看電影，去健身房，或只是出來喝個咖啡聊聊天，嗯，妳說如何？」

一直滔滔不絕的他彷彿有些失常，連這麼個簡單的句子，都無法一口氣完整地說出，注視著她的那雙眼睛也彷彿有些侷促；但在那侷促笨拙中有分動人的天真，而他在等待回答中的不安，很生動地表現在唯恐再被拒絕的眼裡，讓她有些不忍。

他把她的電話抄在地鐵月票的背面。「這樣我絕不會弄丟的。」那雙稚氣的眼睛閃著光彩，「下禮拜中我打電話給妳，我們一起出去，嗯？晚安，再見。」他吻了她雙頰，邊走邊頻頻回頭揮著手。

她發現自己上樓時，嘴角總不時掛著一抹笑意。

「咦，海倫？真的是妳！好久不見，近來好嗎？看看妳，真的是一副巴黎女人的樣子了！」

她不記得認識眼前這個金髮碧眼的男子，雖然他的五官看來似曾相似，但實在是想不起來。

「是我，史帝芬啊！我只不過把頭髮染了，就認不出來了？」

她記起那個當時在臺灣學法文認識的法國男子，心裡想著棕髮比較適合他，但沒有說。

「說到頭髮，真是一段很浪漫的故事，找個地方坐坐聊一下，如何？來，跟妳介紹，這是我太太，京子。」

蓄著過肩長髮的日本女子抿唇對她而笑，那聲「你好，幸會」與其說含著濃厚的日本口音，不如說是直接把日文翻成法語來說，而她的語調是如此溫柔輕盈，每一個音像漂浮在風中的花瓣，搖曳生姿，永遠落不著地，傳說裡古式日本女子的婉約表露無遺。

「是這樣的，當初我開始追京子的時候，她對我的情意總是無動於衷，有一次她無意中告訴我，說她喜歡金髮的男人，第二天我馬上去把頭髮染了，京子也終於被我的真情感動，我們的感情從此進展神速，去年夏天在她老家京都結的婚。」

史帝芬把戒指閃耀的金光射進她的眼裡，含情脈脈地注視著京子，京子只是低頭微笑著，小鳥般依著丈夫。

「啊，結婚真好。那麼妳呢，海倫？依然是孤家寡人？嘖嘖嘖，有機會要好好把握啊！」

她怎麼聽不出他的弦外之音？在臺灣的時候，史帝芬追她追得很緊，她始終不領情；當她發現他對她的善意用心超出友情之外，便開始拒絕他上下課的接送，晚餐的邀約，於是有那麼一陣子，他會沉寂下來。她覺得可以了，再恢復他們的友善關係，他又重施舊計，逼得她不得不再度對他冷淡，斷絕他的希望和熱度。這樣的遊戲重複了無數次，最後，在她即將崩潰之前，他總算明白不管他怎麼死纏爛打都沒有用，他們之間是不可能的，而謝天謝地，她終於能好好喘一口氣。

她發現京子英文不太好，法文也只停留在初級的階段，還是到法國來才學的。而史帝芬的日文水準，就只限於那麼幾個支離破碎辭不達意的單字，怎麼溝通呢？

「我們不需要多餘的言語，愛意不是語言能表達出來的。」史帝芬拍拍胸膛這樣跟她說，一邊還不時和京子眉目傳情，京子始終只是溫柔地微笑著。

要不是史帝芬在她面前，刻意地炫耀他對京子的好，露骨地暗示他是個多情體貼的丈夫，錯過了他的她是多麼不聰明，她也許會覺得他還有點可愛。

離開咖啡座該付錢的時候，更是令她啼笑皆非：「對不起了，海倫，久別重逢，我應該幫妳付這杯咖啡錢，但妳知道我現在是有老婆的人，不能對其他女人太親切的，啊，京子，妳說是嗎？妳真是個幸福的小女人，有這麼疼妳的老公，來，跟親愛的海倫說再見吧。」

冷眼看完史帝芬賣力演出的這場鬧劇，實在無法讓人不慶幸，還好當初沒有被他黏膩的蜘蛛網纏住。真的是十萬分慶幸。

在地鐵裡跟她攀同學情誼的那人打電話來，訂下了約會。

不知怎地老把這個叫菲力普的男孩，和卡通裡的菲力貓連在一起，一想起來總會讓她會心一笑，但他年輕稚嫩的臉蛋，使她想到要跟他出去就有些猶豫。他們似乎不屬於同一個年齡層，他看來好像只有十七八歲……。跟他們比較起來，東方人的面孔往往比實際年齡看來年輕，他會不會以為她是跟他年紀差不多的小妹妹？這使她有點殘害民族幼苗的不安。

儘管一再叮嚀自己不要太在意，就當做和小弟弟一起出遊，喝杯咖啡聊聊天，她發現自己不知不覺捨棄慣常約會穿的緊身洋裝、短裙、高雅合宜的套裝、或絲衫長褲等等，找出冷落已久的一條棉布花裙，配上一件白色的小襯衫，照照鏡子，覺得像是回到大學時代。

結果菲力普遲到半個鐘頭。她站在麥當勞店前等他，心裡正在懷疑會不會把約定時間地點弄錯，或是被這小子擺了一道，而他終於出現，露出個麥克道格拉斯慣有的酷表情，蠻不在乎地對她招手，很抱歉遲到了，為了一些很難解釋的複雜地鐵交通問題。即使知道地鐵絕不會有塞車的現象，即使懷疑問題不像他描述的那麼複雜，她只有好脾氣地對他說沒關係，看著那天不太明亮的月光下遁形的幾個雀斑，浮現在他鼻頭上，心裡有些悵然失落。他穿得相當隨便，就是一件沒什麼特色的淺紅襯衫、洗得褪色的牛仔褲，害她覺得跟他走在一起實在不太搭調，一比起來，連她那樣清純的打扮都顯得盛裝了點。看著他那張在一定的角度下觀察，才能說是清秀的臉龐，她開始懷疑今天跟他出來，是不是失策了。

他們晃到盧森堡公園 (Jardin du Luxembourg)，散了一下步，找個陰涼的樹蔭坐了下來。他又開始發揮那天長舌善舞的功力，逐漸驅逐她心裡初見時的一些不自在。他畢竟是太年輕了，如果有些不修邊幅或任性恣意，也是容易被原諒的，她這麼想著。讓她覺得有點遺憾的，是那天他在邀請她時，流露出的侷促不安已經不再，那令她心動的天真，被他用做出來的世故老成語氣取代，那種想要顯示自己成熟幹練的急切，徒然造成了反效果。

兩人終於落入沉默之中，他躺在草地上閉著眼睛假寐，嘴裡還喃喃哼著不知名的拉丁歌謠，而她則出神地注視著宮殿前噴水池畔，孩子們拉著長篙追逐池中小帆船的身影。以不溝通為目的的溝通。想到這裡自己都覺得有點諷刺。也許是她的錯，也許因為她這次前來，心裡滿懷著這種新的溝通方式的美夢，以致犯了這種新方式的大忌：有所期待。於是畢竟要落入窠臼之中，而最終的沉默，也許是無可避免的結局？

他突然挺身而起，要她幫他拍拍屁股上的草葉，「我們去喝一杯咖啡，好嗎？」

六月的巴黎天氣依然陰晴寒熱不定，剛才在公園裡天氣還有點陰霾，這會兒陽光已經從雲縫裡伸出強有力的胳臂，熱情地擁吻露天咖啡座上所有懶洋洋的閒人。她瞇著眼啜飲咖啡，持續著豔陽下有一搭沒一搭的慵懶談話。他表示要打個電話，還詢問她是否介意，稍後一個朋友可能會加入他們。

「他有點瘋瘋癲癲的，但人真的很好。」

半個小時後他的朋友「們」陸陸續續來到，他一一幫她引見：「這是瑟巴斯丁，是我從六歲起最好的朋友，這是海倫，從臺灣來的，你可以吻她的臉頰，她不介意的。」

瑟巴斯丁帶了一個戴眼鏡微胖的棕髮女孩，叫瑪麗，很客氣地打著招呼，親吻她的臉頰，但看著她的眼睛裡掩不住無限好奇。另一個下巴留著點小鬍子的男孩始終沒有坐下，只待了一會兒跟每個人寒暄幾句，在一陣吻頰的混亂中，轉身揮手而去。

她有點意外今天的約，會演變成四個人圍咖啡桌而坐的情景，也許這個「弟弟」真的對她沒有意思，只是想交個朋友，才會這樣地呼朋引伴而來；其實已不能叫人家弟弟了，她後來發現他沒有她想像的那麼年幼，不過才小她一歲，從那張娃娃臉笑起來眼角擠出的細紋，更得到了證實，而他對她年齡的猜測居然完全準確，令她驚訝不已。他的朋友們對她相當客氣，偶而會講些她不懂的東西，用她不熟悉的俚語交談，但他們都很小心地不冷落她，不讓她有機會覺得無聊；她一發言，大家馬上豎直耳朵傾聽，她講了個不怎麼好笑的笑話，大家非常捧場笑得東倒西歪的。

瑟巴斯丁和瑪麗終於起身準備告辭，瑪麗冰冷的唇印在頰上，幾乎讓她小顫一下，瑟巴斯丁開口問了，「你們待會兒做什麼？菲，你來不來？」

「什麼時候？」

「八點吧！」

「那麼我跟你約一個半鐘頭以後，就在這兒見面。」

「這一個半小時，你們準備去混哪兒？」

菲力普看著她，若有所求地，「海倫，妳住的地方離這兒不遠嘛，我可以去妳那兒休息一下嗎？」他摩擦著短袖T恤下露出的臂膀，「我實在不想繼續待在這兒，吹一個小時的冷風，如果不太打攪妳的話，可以去妳那兒嗎？好嗎？」

就在剛才天氣再變，涼風襲來的時候，菲力普非常體貼地把夾克披在哆嗦著的她身上，「喏，拿去，這樣就不冷了。」

「你呢？」

「我不冷啊，我非常有騎士精神。」

現在這個富有騎士精神的男孩卻顫抖著，要求去她家裡暫時避避寒；說來好像還是她的錯，是嘛，是她借了他的外套的。

她馬上把外套脫下來，「對不起，外套還給你。」

「我不是這個意思，」他忙著阻止，「穿上，穿上，妳不是覺得冷嗎？」

「沒關係，我跑一下很快就到家了，外套還你，你先和朋友走吧，不必顧慮我了。」

「不行，太不符合騎士精神了，這樣吧，我送妳到妳家門口，妳再把它還我。」

他非常堅持，因此她雖然心裡有些狐疑，還是依了他。果不出所料，到得家門口，他又想出新的藉口：「對不起，可不可以借用一下妳的洗手間？我突然急著要方便，可不可以？一下下就好。」

她很想給他兩塊法郎讓他去公共廁所，但最後還是什麼都沒說，帶他上了樓。他在洗手間待了很久，出來時一副如釋重負的表情，看來是真的內急，她正想著如何下逐客令時，他很自然地問了，「可以跟妳要一杯柳橙汁嗎？」

端著那杯果汁，他好奇地打量著她的公寓，讚美她佈置得宜，欣羨公寓地點好，聲稱他從未造訪過如此舒適雅緻的居所。她禮貌地提醒他，該注意和朋友相約的時間，他毫不在意地說，嗯，沒關係，還有時間。她正想用更明顯的方式，暗示他該走了之時，他竟一屁股在她床上坐下來，「嗯，好舒服。」說著就毫不客氣大喇喇地躺了下來。

「真不錯，海倫，妳有一張好床，我家的床老睡得我腰酸背痛，哎呀，妳看，現在腰還痠得很。」他翻了個身，「妳可以幫我按摩嗎？一下下就好。」

她又好氣又好笑，這法國小子的花樣，比她想像得還多，真是人不可貌相，尤其他在要求按摩時，竟能露出一張天真無邪的面孔。

「我不會按摩。」她冷冷地丟下這一句。

「很簡單的，就幫我按幾下，減輕背痛，五分鐘就好，行嗎？拜託嘛！」

她隨意壓了兩下，對方馬上把T恤捲起，「這樣好，肌膚直接接觸，感覺更好。」

他的意圖夠明顯了，她不過胡亂又壓了幾下，他喃喃地哼著，嗯，嗯，真好，真棒，於是她以手酸了為藉口罷手。

「辛苦了，謝謝妳，換我來吧！」她推辭了，「你確定不要？我很會按摩喔！保證讓妳滿意的，要不要試一試？」

「不用了，我的背不酸不痛，不需要按摩的。」

她坐到書桌前，拿出一本詩集來看，心裡有些煩躁。菲力普從床上爬起來，漠視她無言的抗議，把書從她手中拿走，保羅・魏爾倫(Paul Verlaine)？多無聊，我們來聊天吧，妳會做瑜珈嗎？有時候我睡前會放瑜珈錄影帶，做個三十分到一小時，感覺很好，很放鬆，幫助你找到正確的姿勢。

正確的姿勢？她有些厭煩地起身，我看適合你的是《卡瑪經》(Kama Sutra)，而不是瑜珈吧！或者你想說的是正確的體位。

他沒有讀出她心裡所想的，或者他誤讀了她的心思，當他隨著她站到窗前，他深深地注視著她，驀地冒出一句充滿法國腔的英文：「海倫，我要妳。」

夠直接了。她正準備用英文把話挑清楚，明白拒絕，一個惡作劇的念頭襲上心頭，她轉而換上一個純真而困惑的笑顏，「對不起，你說什麼？」

他又重複了一次，她依樣笑嘻嘻地，再問了一次。

她看見他的眉毛扭曲著，這次用法文問她：「呃……，嗯……，英文的『你好嗎』怎麼說？」

「哦，How are you！對不起，你的口音太重了，所以我剛開始實在聽不懂，而且你們法國人啊，老喜歡把英文裡的h子音略過不發。」說著她心裡倒是不覺暗暗佩服他隨機應變，給彼此台階下的能力：I want you和How are you，夾著法國口音念起來，還真是有幾分像。不過他看來有幾分沮喪，也難怪，第三次嘗試又失敗了，他心裡正奇怪這女子怎麼如此不解風情，怎麼點就是點不燃她的情慾。抱著看好戲的心理，她現在倒不急著趕他走了，反正他的時間快到了，看他還能搞出什麼花樣。

他看了一下手表，還剩十五分鐘，該死；那聲「該死」說得很輕，但她聽得一清二楚。可不是嗎？原本以為一個半小時來辦事，是綽綽有餘了，沒想到時間即將流逝，仍是一事無成，她覺得自己要是男人，一定也蠻同情他的。把頭埋在地毯裡好一陣子，再度抬起時，他像是做了個重大的決定。

「好了，我也差不多該走了，妳再幫我做個五分鐘的按摩好嗎？完了我就走。」

十五分鐘。只剩十五分鐘他還是想試。只剩十五分鐘，他覺得還是有希望擺平她。

她再幫他按摩時，帶著點報復的心理，手下格外用心，真好真棒之聲又囈語般地響起，但還是不到五分鐘她就停下來。

「怎麼？手痠了？」他問。

她搖搖頭，「你的背上充滿我的指痕，看來實在不怎麼雅觀。」

他翻個身，故意不把上衣拉下，鑲在一圈細毛裡的肚臍眼，獻寶地呈現在她眼前。「沒關係，妳怎麼做我都不在乎。」邊說著，他慢慢地，彷彿不經意地把上衣整個拉起，暴露出整個潔白、沒有一絲毛髮的胸膛；他伸出一隻手，不住地撫摸著自己的胸膛，望著她的那雙眼，不住流出慵懶的笑意。

客觀來說，他的胸膛還算不賴，當然，稍微曬黑點看來會更健康，可以夠得上她欣賞的樣子；但是肚臍邊那圈毛，實在是掃興之極，那不像沙漠甘泉邊泛出的些許動人綠意，就只是不毛之地一點山羊沒啃淨的殘餘。不曉得過去有沒有女人因此當場性冷感的。

他不曉得她費了好大的力氣，才讓自己不笑出來。看她一點動靜都沒有，他撫摸的動作做得更煽情了，眼裡汪汪的情慾，在她的斗室裡氾濫成災。

「你剛才不是說冷嗎？」她天真地問。

他愣了一下，「不，」又是一個慵懶的笑容，「妳的按摩已經使我暖和起來了。」他把空出來的另一隻手放在她的手臂上，來回地撫摸著。

她把聲音放得更清純，笑容顯得更無邪，「可是，媽媽說過肚臍露出來，很容易感冒的。」

擱在她臂上的那隻手陡然滑落，他一時失去了平衡，而他眼裡的絕望，幾乎要引起她母性的同情。他終於把上衣捲下，起身準備離去；在門口，他勉強撐起已經麻木的臉部肌肉，和她吻頰道別，「我再打電話給妳，OK？」她知道那通電話是永遠不會響起的。

她想起他的朋友們看著她的樣子，他是幫他引見朋友，還是召開一個今日上床對象的鑑賞會？也許瑪麗小姐曾經是他的舊情人？

她虛脫在床上一動也不動。

太大意了，為什麼就讓他那樣得寸進尺？從進她房間，賴著皮不走，到要求她按摩，這之間沒有任何一刻，是她找不出適當的理由及藉口拒絕，把他攆走的；畢竟她不是情竇初開、心慌意亂的小女孩，畢竟她不是不懂遊戲規則的純情少女，但為什麼最後還是訴諸於小女孩的手段？

是那張清純的臉蛋讓她減低了戒心嗎？她也不太清楚，幸好他不算壞，幸好法國式的驕傲，讓男人們即使在急色之餘，還懂得講究兩情相悅，不至於霸王硬上弓。事後細細地品味，這樣一個雄性動物求偶時無所不用其（臍）極的模樣，以社會生物學的觀點看來，不也蠻可愛的？換個角度來看，其實沒什麼好懊惱的，她這種不按牌理出牌的手法，即使在笨拙之餘，還是具有非常不人道的殺傷力……，怎麼也想不到今天的約會，竟有如此意外的娛樂效果。

只是，她嘆了口氣，溝通溝通，終究只是個遙不可及的夢，連世界共通的床上語言也是困難重重，菲力普恐怕也是要這麼感嘆的吧？

沈愛雲，二十六歲的臺灣女子，邂逅二十五歲慣於在地鐵裡釣馬子的菲力普·梭何爾。第一次約會，兩個人都是乘興而去，敗興而歸，從此沒有後續。

享用你的生蠔。*Bon appétit!*

按著文森家門的電鈴，心裡充滿期待和不安。這是第一次文森邀請她來家裡吃飯，她自然很好奇，想瞧瞧他住的地方是什麼樣子，但一想到那是他和「那個人」的愛巢，心裡多少有些不自在，而且，非常有可能還會碰見他。

文森的「男人」到底長什麼樣子？她想像那是一個高大魁梧，健壯英挺，像阿波羅般的男子；又或許不像阿波羅，或許比較像阿諾史瓦辛格，寬闊的胸膛，發達的肌肉，而文森會像小鳥一樣，依偎在他懷裡……。

門開了，應門的是個金髮男孩，個子比文森還小，看起來也比較年輕，儼然又是另一個亞德尼斯；不過他的臉孔沒有文森那樣漂亮，其實還蠻平凡的，只是他的笑容很燦爛，一笑，滿屋子就溢滿陽光。她就著那和著陽光的「請進」踏進屋裡，文森從廚房裡出來迎接她，身上還繫著圍裙：「歡迎，海倫，這是我男朋友由金。」

陽光再度撒落她身上。由金親吻她的臉頰，誠摯地歡迎她的光臨，愉悅地表示在聽文森描述千百次之後，終於有機會一睹芳顏，非常高興能結識她。美麗的句子瞬間在她面前堆積，但出自他口中，一點也不讓人覺得阿諛奉承噁心肉麻，說他和文森很像的一點，是眼睛裡也藏不住一絲陰霾，那甜蜜真誠的微笑，天生就是要給人溫暖。

跟她打過招呼後，他表示有事必須失陪，於是只留下文森和她兩人。她知道由金必定是刻意避開，也感激他的體貼，心裡百感交集地想著，這樣的情敵，她果然不是對手。

「嗯，在想什麼？」文森問她。

「他很可愛。」她由衷地，「你果然眼光獨具，不過，」她頑皮地笑了，「他的品味也不錯。」

文森意味深長地看了她一眼，確定她不是在強顏歡笑後，很開心地，「讓妳和他見面果然是對的，而且我看得出來，他也很喜歡妳；不要擔心了，海倫，這麼受法國男人歡迎的妳，一定會有好歸宿的。」她不知該如何說才好，能告訴他，受法國男人歡迎未必是件好事嗎？「來，妳先坐一下，我馬上就好。」

結果她還是跟了他到廚房，問他有沒有需要幫忙的地方。他正在開生蠔，搖搖頭說馬上就來，你到客廳等我。

「讓我幫你開生蠔吧，妳知道這是我的拿手好戲。」

「不行，妳今天是客人，妳乖乖地坐著，享受服務就可以了。」

她湊過來一看，「哇，好大，是幾號的？」

「特大，零號的；我知道妳有一個生蠔胃，太小的生蠔是裝不滿的。」

她央求地看著他，「至少讓我試一個看看吧！我還沒有開過這麼大的生蠔呢！」

他有點遲疑，但笑了，「今天不讓妳動刀妳是不會死心的了，好吧！等下留兩個給你開。」

文森的手帶著優美的弧度撬開蠔殼，從他手指的動作，絲毫看不出使力的痕跡，像是親憐蜜愛地撫弄生蠔，讓它在無比的柔情裡，自然啟開心房；連那深深插入的蠔刀，也失去它的銳利，就像從他天使之翼墜落的一根白色羽毛。比較之下，她覺得自己一向引以為傲的開蠔技法，不免顯得粗魯唐突，想到待會兒要在他面前獻醜了，都覺得臉紅。當然，她不是沒有見過開蠔手藝俐落的人，但說到開蠔姿勢優雅的，這真是空前絕後，到底他是怎麼做到的？

她把心裡的疑惑告訴他，他笑了，「親愛的海倫，來到法國這麼長一段時間，妳應該知道愛與美對法國人來說，比效率還重要的。」

「但是在極罕有的情況下，這三者可以結合為一，就像你所示範的。到底如何能像你一樣，優雅而迅速確實地打開生蠔呢？」

「沒有妳想像地那麼困難。」他拿起一個生蠔，「瞧，在開蠔前它給了你夠多的暗示，讓妳知道該如何適當地著手。當妳觀察蠔的外殼形狀，手裡掂著它的重量，妳已經知道它的難易度，心裡也多少有數，這是不是個好的生蠔。

形狀奇怪的可能要花費妳多一點力氣，但不要灰心，最忌諱的是霸王硬上弓，不但危險，而且容易讓打開的蠔裡充滿碎殼。妳應該順著生蠔形狀的走勢，找出最佳的著力點，只要對了，就可以花費最少的力氣，輕易打開生蠔。」

她看著他的手，以無瑕的優美再度打開這個生蠔，心裡感嘆著，這份優雅也許是天生，學不來的，她就沒有辦法想像，前任男朋友伯納這樣能夠這樣開蠔，而她，以天生女子腕力的限制，真能做到將力化到柔若無骨的境界嗎？

文森拿了個蠔給她，笑著說，「理論終歸是理論，試一試嗎？」

蠔殼的形狀平整規則，她因而知道，體貼的他挑了個容易的給她，但蠔刀碰上她自信完美的插入點時，卻遇到難以想像的阻力——在這關頭，已經顧不得姿勢的優雅動人了，她把吃奶的力氣使上，除了刮下一小片蠔殼外，一點進展都沒有。

文森知道她好強，沒有提議讓他來弄，只說了，「小心，不要急，越大的蠔抓力越強，再堅持一下，就快開了。」

她深深吸了一口氣，全力把蠔刀朝著心中理想的那個點切入，皇天不負苦心人，終於聽到了期待已久的清脆響聲，知道蠔刀已滑入生蠔之中。

「記得，還沒有結束，」文森的聲音再度響起，「要確實地把上下兩片分開。」

這一個步驟，通常代表著漸入佳境，沒之前的關頭費力，但生蠔韌帶扣住兩片殼的執著，仍讓她吃驚。就是這份執著，她想著，讓我之前吃了那麼多苦頭，所以我必須表現出更強的信念與堅持，才能瓦解它的防禦，進而登堂入室。

隨著蠔殼上瓣脫落，難得的美景呈現在眼前：那誘人的生蠔身子上繫著條藍色的腰帶，在燈光下泛著彩虹般的色澤，可不是維納斯充滿愛之幻力的魔法束帶嗎？

「很美的藍吧！生蠔的大小不同，它的色澤也會有所改變。當你費了那麼多力氣，好不容易打開一個生蠔，是否有驚豔的感覺？」

她還無法把視線從維納斯身上移開。「就像在火車上顛簸了好幾個小時，終於看到蔚藍海岸的心情，那種是了，這就是我想要的，我再也無所求的神奇。」

瑪黑區 (Le Marais) 是全巴黎最讓她願意盡情迷失的地方。每當她漫步於這個巴黎最古老地域，放縱自己在曲折窄小的巷弄裡，遺忘時間的存在，沒有過去和未來，甚至她這個人的存在感，也消融於空氣之中，她會覺得無比地充實，一種完全被虛空填滿的充實。即使在現在，就方向感而言，因熟悉而不再容易迷失的現在，只要踏進瑪黑某些遊人較為稀少的街道中，她總能輕易抹去肉體那不真實的存在感，讓心靈化為千千萬萬的碎片，或是散落在腳下人行道的街石上，或是對面那棟舊宅天花板雕花的木頭樑柱上，還是前面那個窗口探出頭的紅花清新的笑顏裡。於是她會徹底迷失自己，融入飄散著昔日情懷的芳香裡，成為瑪黑的一部份。當她再次醒來，又是一個新的自我，她任自己的腳步隨機選擇，找個咖啡館坐下來，在咖啡的餘韻中，把散落的心一片片找回來，好好地收藏著；有時候總有一兩個小碎片，被遺忘在不知名的角落，那麼她會再回來，尋找幾天、幾個禮拜前被她遺落，在瑪黑裡薰陶著，發酵了的自我的香醇。

這天晚上她來到歐魔笙路 (rue d'Omersson) 的小廣場裡，已經接近午夜時分，廣場四角的咖啡座仍然門庭若市，她選了生意比較冷清的一家，在面對著藍色圓桌的黃椅子上坐下來。

一打開菜單，她馬上明白，為什麼這家沒有那麼受歡迎：一杯最是平常的espresso要二十幾塊法郎，果真貴了點，是午夜的加價，還是對觀光客熱情潑的一桶冷水呢？

廣場上有好幾批不同的街頭賣藝者，有人攀著路燈高唱金・凱利的Singing in the rain，有人搬出薩克斯風演奏低迷的爵士，還有人捧著提琴規規矩矩拉他的巴哈；最掃興的，是個塗著小丑面具，吹著鬧場塑膠笛的胖女人，在眾人怒目相視下，她仍能悠然自得地擾亂大家安寧，毫不害羞地討賞錢。轉了一圈，她的帽子仍是空的，於是她變本加厲地繼續大吹特吹，直到終於有人給她錢，拜託她閉嘴，小廣場才擺脫惡夢般的噪音。

她看看錶，十二點，再待一會兒就該走了，否則會趕不上末班地鐵。

那個黑衣的金髮男子向她走來時，她正想把咖啡喝完，拎著皮包離去，但他走上前來，非常客氣地，「小姐，說法文嗎？」

她猶豫了一下，不知要不要回答，這也許只是個尋求一夜情的搭訕者，但他那張臉蛋硬是讓她心裡一動。那漂亮無瑕的娃娃臉，活脫是個金髮的文森，而他又比文森更女性化，相對於文森的濃眉大眼，他眉毛的線條柔和許多，綠色的眼睛總是帶著無限笑意，長長的金髮整齊地紮成一束，垂在背後。雖然她基本上認定這是一個「他」，但在他沒有開口前，她心裡還存著幾分雌雄莫辨的疑惑。

「對不起，小姐，妳知道這是一家魔法咖啡屋嗎？」他看出她的猶豫，很快地解釋他的來意，「晚安，我是妳的魔術師，今天能有榮幸，為妳表演幾個把戲嗎？」

他從口袋裡掏出一副牌，要她洗過以後撿出一張暗記在心裡，接過那張牌，他似不經意地把它混在牌堆裡重新洗過，聲稱現在他也要找出一張自己喜歡的牌。

「看到了嗎？我知道這不是妳的牌，可是它和妳的牌數字相同，只是花色不同而已，對嗎？好，我現在就找出妳的牌。」

他把牌洗過，要求她再選出一張，然後問她，要的是這張，還是後兩張。她做了選擇，魔術師把牌翻開，是張毫不相干的牌，他看來有些尷尬，抓著頭，「咦，我一定是哪裡記錯了，對不起，讓我想一下。」

看見他稚氣的臉上，露出困惑而著急的表情，她有點心疼，想告訴他，不要急，慢慢來，我們可以從頭再來一次，但他突然大叫一聲，「看，那是什麼？」

他的手指著煙灰缸，她從那底下找出張牌，翻開一看，bingo，正是他們想要的。她抬起頭來，發現他臉上帶著惡作劇的笑容，那樣地天真無邪，讓被耍的人就是無法生他的氣。

接下來他又玩了幾個把戲，雖有他玄妙的地方，但基本上不是驚人的大噱頭大手筆，他沒有把自由女神隱形或飛躍大峽谷，他所有的僅是那副牌，也只能侷限於數字花色的遊戲。但他的表演仍然吸引人，至少很能牽動她的心，不只是那張可愛的臉蛋，他在表演時所投入的熱誠，對自己工作的喜愛，以及隨時注意觀眾反應，適當地觸發以提高她的興趣，把她的好奇心激發到極點，樣樣都很贏得她的讚賞。他是個很好的演員，這點在剛才的小騙局已看得出來，而他所要的，不僅是娛樂她，他同時也娛樂著自己：她注意到自己每一個驚喜或訝異的表情，都沒能逃過他的眼，她也意識到這些由他牽引出來的反應，他總是細細地品嚐著；證明就在把戲之後，他的眼睛和嘴角，總會揚起掩不住的歡愉。所有可能落入俗套的把戲，在他以這樣的熱情和執著呈現之下，脫去了陳腐的外殼而羽化為神奇。

「現在，我要玩一個最後的把戲，難度很高的哦！」他神秘兮兮地，「我要招喚出魔術的精靈。」他把手放在胸前，做了個交叉手勢，喃喃地念著不知真有其事還是胡謅的咒語，儀式結束之後，他睜開綠色的大眼睛，無比認真地凝視著她。

「好了，他已經在這裡了。現在，請妳從我手中這副牌裡抽出一張。」

他對她伸出空無一物的掌心，她瞪大了眼，那副牌明明放在桌上，他的手中哪有什麼莫須有的牌？

他再認真地對她點點頭，「在我手上，是精靈操縱的另一副牌，請妳抽出一張來。」

她只好伸手取出和國王的新衣有異曲同工之妙的牌，照他的吩咐，把它放在自己掌心。

「現在，請妳把它折成兩折。」

她費力地折著看不見的牌，魔術師同情地說著，「不太容易是嗎？牌很硬吧！」

嗯，真的不太好折。」她也很融入自己角色的表演。

「好，請妳再對半折一次。」

她依令做了，這次還小心地壓出個結實的摺痕。

「好，非常好，這個摺痕很漂亮，現在，請妳使勁把它往桌上丟。」

她照樣做了，魔術師對她點頭微笑著，「謝謝妳的配合，也謝謝妳的捧場，希望妳喜歡今天晚上的表演。」他伸手和她握手，笑顏沿著他手心手指的溫暖，一路傳到她身上，「祝妳有個美好的夜晚，再見！」

她望著他遠去的身影傻了眼，這就是最後的高難度演出？她又被耍了嗎？沒入月色中的黑色身影，再次從月色中歸來，魔術師展開無辜的笑臉，「啊，對不起，我忘了一件事。」他打量了她一下，「妳平常做運動嗎？」

她心裡一跳，他是想約她出去嗎？她問了，「什麼樣的運動？」

他聳聳肩，「任何運動，像球類、慢跑、健行、游泳、或輪鞋等等……」

「偶而吧，」她搖搖頭，「我的網球打得不是很好，游泳還可以，不過我最常做的運動，是爬地下鐵的樓梯。」

「原來如此，」他一本正經地，「我剛才想著，妳用那麼大的力氣丟牌，大概是個運動選手，瞧，」他從地上撿起一團紙，「牌都被妳丟到地上去了！」

她接過那張被折成四折的紙牌，慢慢把它攤開，紅桃A，正是她今晚初次選中的牌，但有一點不同，原本白淨的牌上多了個龍飛鳳舞的簽名。

「這是妳的牌，送給妳做紀念，」魔術師的微笑漂蕩在夜風裡，「再見，晚安。」

這次他是真的消失在吧台的人潮裡。她望著手中的牌，播在心裡一顆溫柔的種子，輕輕悄悄地發芽，成長，把花朵開放在她的臉上。

巴黎，到處都充滿了神奇。

跋

村上春樹說：「有入口就有出口。」

作者的朋友說：「有入口就有出口……嗎？」

作者說：「是哪個笨蛋劃清入口和出口的界限？」

II

純眞之歌

想變成龍的蚊子

「………#@☆?!」

龍感到背後有一點細微的動靜，尾巴輕輕一掃，闔起眼繼續睡。

「請問……」

似乎有點聲息，牠抬頭環顧四周，還是沒看到什麼。

「要怎麼做，才能變成像你這樣？」

這次聲音在耳邊，牠回頭一望，就是看不到誰在說話，「是我啦，前面，前面。」有個灰塵樣的小東西飛到牠鼻頭，拚命搖著小翅膀，到牠瞧見了才停下來，靦腆地，「我說，怎麼才能像你這樣強壯漂亮？」

這小龍打蛋殼裡出來不久就沒了媽媽，個兒又比人矮，難免畏畏縮縮；長出晶亮神氣的鱗片前，就一身五顏六色雜毛，活像個絨毛玩具，幼嫩的小翼還

打哆嗦
打趣
手指頭
亂
亂
暖
氣
像
我
和
從今天起
今以後
吸灰塵
打獵
會
排碗

沒有力量，只能怯怯地這個樹頭飛到那個樹頭。第一次聽見有人說牠強壯漂亮，很是意外，「啊？」

「我好想當一隻龍，在高高的天上飛翔，翅膀一煽，是吹向大地的風，尾巴撥動層雲，降下滋潤萬物的雨。一噴火，燃燒的天空染得通紅，燒到盡頭，星星會從灰燼裡睜開眼，你得屏住氣，靜靜滑過它們身邊，星星很容易就被嚇著了，它們要是喜歡你，就會對你微笑。」小蚊子說得起勁，冠上的金色觸鬚興奮地抖動，「我好厭倦只能在人們身邊繞來繞去，找機會叮一口，像賊一樣，還得防他們動不動一巴掌過來——我姊就是這樣，啪一下，活生生斷成兩截！」牠打了個哆嗦。

龍卻感到一股暖意，緩緩延燒到心底。牠聽見自己說，「或許有辦法。」小蚊子豎起耳朵，滿臉期待地，「我們族裡長老說，要成為偉大的龍，得從夢想裡得到力量成長。」

「那是什麼意思？」

「我也不是很清楚，」龍皺起眉頭想了一下，「但聽著，我有主意了。你從我這兒吸一滴血，那麼你身上流著龍的血，就是我們一族了。你要去採集各式各樣的夢，就能夠長成一隻偉大的龍，你說是不是？」

牠們決定這麼辦。但小蚊子試了又試，就是無法穿透那細密的絨毛，得到成為龍族需要的一滴血，最後龍伸出指爪，在腹部最柔軟處劃出一道血痕。小蚊子把針管湊了過去，顫抖著，吸進第一滴，「多喝一點，不要緊。」龍對牠喊著。

第二口，第三口，直到牠小小的身子脹得鼓鼓的，再也容不下。「這輩子我都不會再飢餓，也不需要再吸血。」小蚊子說，「現在我是龍了。」

牠飛走了，去世界採集夢想。牠答應會來告訴龍最新的進展。

牠第一次回來，深不見底的夜剛浮起一彎纖細的新月，淡漠的夜色照上龍背脊微微突起的幾個小丘，「我的背鱗快長出來了，」龍告訴牠，「毛也開始脫落，這裡禿一塊那裡禿一塊，樣子很醜。」

蚊子說牠看不出來，只覺得龍似乎有些憂鬱。「我的心也沉著。我看到一個微小夢想的破滅，這能讓我更接近你嗎？」牠開始說第一個故事。

我停在一個小男孩病床上，用頭上的觸角輕輕碰他，牠說。像是接收器一樣，他心裡想望的，我都感覺得到——畫面、聲音、氣息、溫度都很完整地收進去。護士來了，我飛到天花板，看她為他擦身換衣服，扶上輪椅推到窗前。她走了，他把膝上的童話書丟開，瞪著窗外發呆。他想出去，像那一對彩蝶那般自在飛舞，他不要困在這張床、這台輪椅上。大人總是在說謊，他們老說他就快好了，到底他還要等多久？

我輕輕落在他肩上，他全心盯著那對天青鵝黃的蝴蝶，沒有發覺。我跟著他的心飛出窗外，隨著蝴蝶這朵花飛到那朵花，小池塘繞了一圈，荷花蕊心上蹬了蹬腳，輕輕巧巧翻出牆外。一大片山巒起伏的連綿紅瓦白牆之後，突地急轉直下，不住拍打斷崖的，是畢生所見最澄澈晶藍的海水，而我們早就不是彩蝶之身，已化為淺灰背羽腹部雪白的沙鷗。振翅翱翔，羽翼在豔陽下閃著銀光，貼近海面，向著碧藍海水的那一側絨羽，仿若早已浸入水裡，映上奇蹟似的藍光——一飛高，胸腹之間的藍色便淡去一點，於海上盤旋，下身光影連翩，儼然上演一齣碧海晴空的戲劇，從湛藍、天青到淡不可辨的微藍，然後白雲飄進來了，曾有的藍意成為記憶。遊船上有個孩子本以為遇見傳說中的青鳥，看到離水而去的我們轉瞬腹下雪白，失望地歎著氣。

再靠近，到海水泡沫能濺上身子，底下悠遊的魚群警醒地往深處竄去，提防有利爪尖喙突襲。我們順勢滑入海裡，羽翼收為兩鰭，搖尾成了藍綠底勾了赤金邊的熱帶魚，恣意在朱紅鹿角、妍黃瓣蕊、藏青腦紋的珊瑚間穿梭；閃著盈紫珠光的海葵魅惑著招手，但我們知道若非小丑魚，不該投入那看似溫柔的懷抱；從幽暗中昇起的水母，在淺海的陽光下通體透明，抽長的縐紗細帶，優雅地一搧一搧一搧……。

停在窗前的藍蝶翅膀微微搧動，觸角挨著紗窗，小男孩伸出手指去逗，也沒有躲開。那一瞬間，我們明白牠懂得他的心思，也帶來一點陽光下曬得暖暖的飛翔之意。但在下一刻，那雙翅膀給行經窗外一個頑童捏住撕開，看牠還能不能飛，玩厭了就隨手丟下，拉著小胖腿跑開了。那黃蝶著急地在伴侶周遭盤旋，瞧牠一次次掙扎要起身，又一點一點地衰弱下去。小男孩的眼淚掉下來，濺在我翅膀上，沉重地讓我飛不起來。

濃雲終於掩住稚嫩的新月，龍與蚊子在黑暗中沉默了。

蚊子再次回來，就差幾天要滿月了，小龍身上的鱗甲月下閃著銀灰，犄角跟雙翼都抽長了，蚊子滿臉豔羨地盯著瞧。「我常常到下面的山谷去飛，」龍告訴牠，「還不太穩，翅膀沒完全長好，但乘風而去，感覺很好。」

「我遇到一個也想要乘風駕馭的女孩，不確定感覺是否那麼好。」蚊子開始說牠的故事。

我藏在她寵愛那隻哈巴狗的耳朵縫，躲過傭人揮來的獵蚊拍，叮住耳根那隻蚤子看了我一眼，一跳，陷到另一堆長毛陣裡。

這狗都快二十歲了，眼睛不好以外，身體竟是奇蹟地硬朗，就是遲緩，往往大半天一動不動，不是腹部還規律起伏，都不曉得牠是否在睡眠裡靜靜地走了。瞧見房裡只剩下這條跟著她成長的老狗，牠的女主人拔下指頭上那閃爍得刺眼的大鑽戒，鎖進珠寶箱，妝台鏡前看著自己。卸了裝，她素淨的容顏依然完美無瑕，讓她在情場與職場都無往不利，加上顯赫家世與重金打造的名校學歷，一般美麗女人在外面闖蕩可能受到的騷擾與傷害，註定跟她無緣。明天就要出閣，她早把工作辭了，以便更從容投入省長父親的選戰，蜜月歸來後將召開記者會，宣布她擔任某基金會執行長，募款、公益與形象塑造都由她操盤。

她那未來老公在富家子弟中難得地敦厚誠懇——因為二房的母親出身寒微，大房又異常兇悍——但大房兩個女兒都庸懦無能，三房兒子車禍後半身癱瘓，這個家將來大半是他的，夫家雄厚的財力，日後成為自家的政治資產，早就是共識。老公絕對不會指望她在家相夫教子，她日後隨著父親腳步投入政治舞台，也必然大力支持，兩家更緊密的結合，將為彼此帶來豐厚的政商人脈與更可觀的利益，家裡因而對於她的選擇十分滿意。

她不懷疑老公是真心愛她，對她來說，得到男人的愛情太容易了。這不表示他哪天不會在外面找別的女人、或者不會對別的誘惑動了心，這個圈子的是非她看得不少，沒那麼天真。但她總能得到自己想要的，在那之前，搞不好已對他感到厭倦、早有更新鮮的刺激，而在捕風捉影的媒體面前，他們永遠是神仙眷侶。

她彎下身輕輕撫著老狗，藏在耳朵裡的我都能感受到溫柔的悸動，老傢伙也費力地搖著尾巴呼應。處事明快精細的她，早把從這個家要搬到那個家的事物安排妥當，唯一還未交代的就是這隻老狗，家裡的人臆測她大約不帶過去了，也沒有多問。

我的不祥預感卻成真了，那溫柔撫觸化為斷魂殺機之時，我趁隙從藏身處逃出，看她一只抱枕摀住老狗口鼻，輕易奪走早已孱弱的生命。牠最後一刻所想的，是小女孩的她與幼犬在花園裡嬉戲的情景，斷氣以後，她把牠抱在膝上，溫存許久，腦海裡也是同樣的畫面。

「你的故事怎麼都跟死亡有關？」

「所謂成長，是不是我們心裡總有些東西死去了？」

「我在想她這樣是殘忍還是慈悲，不是說那老狗沒受什麼病痛折磨？」

「我聽說搞政治的人就是要狠得下心，一次會比一次容易吧。」

「好久不見了。」

「這次我飛得比較遠，停得也比較久。」一陣沉默後，蚊子開始牠第三個故事。

在斷斷續續的追憶中，我看到一位老奶奶的人生。我看到她怎麼跟家裡極力要拆散的愛人遠走高飛，打算以青春與純真去對抗這個世界，又看到她所愛的那個人，在共同渡過甘苦交雜的兩年後病逝，只留給她回憶、生活的困境與剛出生的孩子。除了回憶，其他的都由第二任老公接手，他比她年紀大上一截，也多懂得寬容與慈悲，跟前夫生的兒子與為他生的女兒同等地疼愛。誰知這一雙兩小無猜的兒女卻意外地相愛了，完全遺傳母親當年的轟轟烈烈，於是家中再無寧日，兒子負氣出走，從此不知所蹤。

她早年離開即斷了音訊的故鄉，偶然捎來訊息，頭一次回鄉探望，雖不是一切如舊，卻也融了些許冰霜，於是她隔一段時日便回去走走。遠親裡有個俊逸的男孩，自小聽聞她當年事蹟即戀慕在心，見著了更不顧旁人非議地大膽追求，她沒想到的，是這個有幾分神似初戀情人的小子，竟讓步入中年已久的她，如老房子著火一發不可收拾，醉心於黃昏之戀。小夥子魯莽地要跟她丈夫攤牌，不然就兩人遠走高飛——同當年一般。說時，年輕的瞳眸閃著光芒，但她知道人只活一次，私奔一次也就夠了。

她回到年輕戀人所鄙視的無愛婚姻，繼續平穩過日子，卻無聲無息地衰老了。年邁的丈夫以為自己會先走，沒想到要含淚送她，彌留的床前所有人奇蹟地聚集一堂，包括失蹤數十年的兒子、哭號不止的小愛人、當年的好姊妹以及一些已經想不起關連的人，大家同心一氣要她回來。她看見死神在微笑，要她自己選，於是她亦含笑別了這些人，選了不可知的幽冥。

「那麼她的夢想，是死亡嗎？」

「可能吧。有時候我真不清楚自己在蒐集夢想還是真實。」

在殘月已逝的晦暗中，牠們看不清彼此。但蚊子知道牠的朋友長大了，暗自戀慕一隻像母親般給牠諸多照顧的雌龍。

牠從此沒再回來。青年的龍想著牠是否飛得更遠，或者幻化為自己識不得的蚊龍，或是戀愛了，暫時把約定拋在腦後。

牠不會知道蚊子有一天聽故事聽得癡了，讓身後凌厲劈下的一掌，把牠永遠留在一個男孩肩頭。母親以為打死一隻蚊子，卻發現兒子身上多了個血色龍紋刺青，怎麼都去不掉，那啞巴男孩卻開了口，從此成為頂出色的說書人。

龍在翱翔天際，穿越無垠星海時，總會記得屏著氣，溫柔地滑過星星身邊。聽到它們摀著嘴輕笑、對牠眨眼，會讓牠想起小蚊子的耳邊細語，以及溫柔貼著牠耳膜的金色觸鬚。

龍的古怪肚皮

「肚子好像不太對勁。」吃過飯，打了個飽嗝，龍喃喃自語。

那耳尖的小鳥聽到了，吱吱喳喳地插嘴，「你呀，總是貪嘴吃得太多，瞧你的肚子，鼓得像圓球一樣！你要多做少吃，多運動！」

於是牠們一起振翅而翔，打算從山的這一頭飛到那一頭，多繞幾圈再回來——有翅膀的動物做運動，到底同我們操場跑幾圈、泳池來回幾趟大不相同。向來牠們在天上飛，龍從這座山到那座山的光景，小鳥不過從這棵樹到那棵樹枝頭，所以牠乾脆乘勢跳上龍的肩頭，搭個順風車，居高臨下地，飽覽這山谷溪流的秀麗風光。

龍乘風而去，沒多久卻顛晃了一下，倒栽蔥墜下，要不是落地前極力穩住，肯定摔得不輕。

「你真的不對勁。」小鳥眨巴著眼，拍著翅膀繞了一圈，巡視那悶坐地上喘息不定的龍。

「以前從來沒有這樣，」龍也覺得不可思議，「肚子裡好像有什麼把我向下拉，飛了這麼多年竟然還會掉下來，打出娘胎以來從沒有過！」

「哦，我以為你是從蛋裡蹦出來的。」

龍悶著不說話。當年牠在恐龍蛋裡待得舒舒服服的，也不急著出來，龍媽媽雲遊四方瀟灑歸來，看這麼久還孵不出來，用手爪腳爪小心地推敲，探探蛋殼裡的小生命安好否，牠才呱呱落地，蛋裡乾坤萬象，寒歲不知，悠悠一甲子就這麼過去了。

「從這兒過去兩座山後的森林裡，聽說住著一個賢明的智者。他見多識廣，或許知道你的問題在哪兒，該怎麼解決。」小鳥提議著。

「那麼我們就去吧。」

於是小鳥在前頭領路，飛不起來的龍徒步跟著。以往龍未曾關注過朋友飛翔的姿態，就如同牠未曾以牛步緩緩地翻過這座山到那座山；牠留意到小鳥展翅之時，羽翼尖端在陽光下煥發各色光芒，猶如兩道飛行的彩虹，牠頭上的冠羽亦以優美的弧度開展，於風中輕顫；而牠往往一溜煙掠過去的山河，每一轉折總有不同意趣，無一處是重複單調的所在，高處觀得全景，身在其中化為風景，各有奇妙。

牠們越過兩座山頭，一路問著遇見的村民，找到隱士獨居的森林，在林裡，小鳥跟同伴們打聽，終於來到他的小屋前。智者蓄著及地長鬚，銀絲閃耀更勝那一襲白袍，他柱了拐杖，仰首觀著星象。兩個長了翅膀的夥伴不由舉頭，隨他觀賞前所未見的滿天星斗。深夜的密林一片沉寂，偶有幾聲蛙鳴蟲唧，不掩每一顆星星隕落時分，滑過天際發出的細微嘆息。

這幾個月走下來，龍的肚子漲得更圓了，不待言就讓人看出異象，那慈藹的長老撫其腹沉思良久，坦言他不知其所。

「似是內有方盒，若有生機卻無脈動，照理也不會孕育胎兒。方圓之內，並無任何兇險之象，體膚康健應無大礙。」

長者致憾幫不上忙，他說東海之濱有另一位道行更深，見識更廣的先知，不妨前去請教，或能解除疑慮。辭別後牠們繼續往東走，出了山林進入平野，幾處小溪山泉匯聚而成大河，洶湧奔騰，勢不可當；沿岸良田沃美，正值收穫之秋，一片連綿金黃，處處喜樂農家。再往下走，水渠蛛網密羅，積鬱成大大小小湖泊，殘荷處處，篩得風雨更加淒清，龍往鏡湖裡照見自己的怪模樣，心情更低落了。

「別愁，再忍一下，」小鳥安慰牠，「就快到了，先知肯定知道怎麼回事。」

牠們在江河入海那陰晴不定的沙洲，瞧見先知散髮而歌，天地遼闊彷若是足踏迴旋之間。先知面目姣好，烏髮如雲，不似八百高齡之人，袍服鮮麗奪目，說是先人智慧鮮血染就，萬物通靈織造而成。

「我知道你會來，但玄機還不能說破。」先知手指大海瞧不見的那一端，「你渡海而去，海中有仙山，接下來的道路，島上自有高人指點。」

「如果你知道，為什麼不能直接指點迷津？」小鳥問，「我們非得這麼折騰一回嗎？」

先知微笑，「時候未到，現在告訴你也無用。該走的，就算是冤枉路，你還是得闖一回，方得領悟。」

「真那麼冤枉嗎？」龍自己問了，眉頭皺得化不開。

「回頭看來，並不冤枉的，只是你們還未走到該回首之時。」

先知幫牠們用浮木造了一葉扁舟，載上必須的飲水食糧，遂涉險橫渡大海。初時頗不寂寞，海豚徘徊舟邊，沿途相伴，晴日射穿的海水幾可見底，五彩斑斕的小魚悠然上浮，沙鷗來了才陡地潛下，四散而去；有時曬得發燙，小鳥會躲到龍身下納涼，落雨了，龍就是自己淋濕，也要保得同伴安穩無恙。行到中程，一度海天變色，狂風暴雨掀起駭人巨浪，小舟數度翻覆，小鳥依得龍緊緊的，驚恐得忘了暈眩，就連曾經稱霸天際遨遊四海的龍，也首次覺得忐忑不安，虧得牠那肥厚的肚皮，竟能浮在水上，才化險為夷。雖然竭力搶救，待得大海再安靜下來，大半的食糧已隨著風暴去了，舉目四望一片汪洋，目的何方尚不可知。

豔陽高照，風平浪靜，好幾天小舟不是停滯不前，就是原地打轉，僅存的食糧飲水一點一點消耗。小舟現在輕得很，牠們都瘦了許多，吃喝的也快沒了。

「如果我還能飛……」龍閉著眼，大約想著昔日的英姿。

「我飛不起來了，那很耗力的。」

「先知已經看到我們會死在海上嗎？」

小鳥不語，半晌才說，「或者在考驗我們的信念？」

「考驗我就罷了，幹嘛把你也拖下水？」

「碰到了嘛。」

沉默著，牠們繼續在未知裡漂浮了好一陣子，小鳥又開口了，「說真的，不管到不到得了，還是很開心這輩子跟你交朋友。」

「我也是，親兄弟都沒你這麼好。」

接下來幾天牠們都昏沉著，無分黑夜或是黎明。矇昧之中，小舟卻動了起來，不多時眼前竟浮現幻影，本以為是晴日裡一大團烏雲，但真的是小島，船在沙灘上停了下來。一路推著牠們來的一群海龜，遂返身而去。

這看來就是個鳥不生蛋的荒島，並非什麼煙雲繚繞的聖山，但牠們還是耐心等著仙人出現。許久，龍說了，「找點東西吃，先歇下吧，明天再找看看。」

「我們一直都在這兒啊。」

聲音來自石頭上曬得暖暖的一頭老龜，身邊伴了隻丹頂鶴。龍知道比自己高壽的生物並不多，而這兩個都有超過千歲之齡。龜翻個身，腳爪在腹下一劃，牠坐起來，把削下的一小塊龜板放入仙鶴銜著的錦盒，遞了過來。

一開啟即芳醇不可方物，仔細一瞧，幽黑不見影的小方塊，彌足珍貴。「我聽說龜苓膏要熬很久的。」龍傻了眼。

神龜咧開嘴，兩側擠出深不可測的紋路，估計是在笑，「蓬萊仙山片刻，你知道世上幾百年了？」

龍和小鳥把它分了，瞬時神清氣爽，在一旁靜靜候著的仙鶴遂言，「是時候了，回去吧。」

那兩個目目相覷，「大老遠要我們來，就這樣？」

龍抱著因為牠瘦下而亦顯豐圓的肚子，「這個怎麼辦？」

「你回去了就知道怎麼辦了。」

「早知道就不用兜這麼大一圈，在家等不就得了？」

「那倒未必。出來闖蕩一番，才會發現答案不在遠方。」

回到舟上，回頭想問補給品，哪看得到島？四界還是汪洋一片。兩個心裡正叫著苦，不曉得怎麼挨過海上歲月，小舟竟一帆風順，須臾便到了原來出發的岸邊。沙洲不復昔日景觀，海濱蓋滿渡假飯店，天氣好，新鋪的人工沙灘滿是戲水、日光浴的男女老少；先知早不見芳蹤何處，仔細看，遠處峭石間多了個青塚，紅顏是否已成白骨，無從得知，墳塚在潮汐沖刷之下化為虛無，是遲早的事。

牠們究竟離開多久，也不消問了。原路而回，無一處識得的風景，湖區沃田處處，但大漲大旱頻繁，那些與湖爭地的百姓，不時與老天的無常喜怒拼搏著，在夾縫中過日子。牠們想起當年的密林長者，想著他的慈藹容顏或已化為塵土，更驚訝的是走得近了，發現之前的高山峻嶺消失無蹤，取而代之的是多個雨後春筍般竄起的小丘，潺湲的溪流早就乾涸，荒禿不毛之境，哪來借問親切的村民（後代）？

所幸，老家的面貌沒有多少變化，那地處荒僻的處女森林，仍然溫暖濕潤，孕育無限生機。但小鳥的樣子愈來愈不對勁，龍早就發現牠的羽翼不再閃著虹彩的光澤，愈加趨於灰白，頭上的冠羽逐漸疏落，眼神也遲滯了，好幾次叫牠都沒反應，出神的時候愈來愈長，很多事情也記不得。

終於到了，牠伏在地上一動也不動。

「怎麼了？」

二
有
圓球
總是
位置
幻
罷
方盒子
它
聲
穩
不
來
小心
碰
方盒
是
改變
會
老
黎明
能
表

半晌牠才回話，「累……啊。」牠搖著頭，「老咯，不行咯，不能再出這樣的遠門。」看著龍的眼神若有幾許哀婉，卻很平靜，「我沒有你那樣悠遠的歲月可以渡過，我們的時間是不一樣的。」

幾天後牠就那樣沉睡過去，沒有再醒來。

龍將牠捧在掌心，斗大的一顆淚珠滾在那小小的身子上，出門遊歷一趟，換來的只是這個嗎？驀地腹部一陣劇痛，金色的光衝之而出，一個小東西落了地，長得卻像剛亡故的友人。

「你是……我的孩子？」龍還在地上打滾喘氣，肚子已經平了，光芒也逐漸減弱。

牠搖搖頭。「是牠……轉世了？」

小龍再搖頭，「牠沒死，你瞧。」

小鳥從牠角上輕躍而下，渾身光彩照人，生老病死宛若一場夢。

我是你生命最眞實的幻影，小龍說。

你的迷惘和憧憬孕育了我，你的喜悅讓我滋長，可我需要的養分不止於此。浮光掠影的感受對我已經不夠，讓你自己飛不起來的，是對於現狀的安逸與怠情——你活得夠久，似乎已經沒有什麼新鮮事可以讓你心動。

於是你體驗了失落，當你習以爲常的不再垂手可得，你更能珍惜所有；你遭逢患難，更明白知交可貴。你重溫生命的甜美、光明、激越、和諧、寧靜、憂鬱、傷悲、無解、遲緩、黑暗、狂暴、混亂、機巧、謎雲。生命是個圓，一切塞得滿滿的，擠得沒你呼吸的空間，然稍一迴轉，一切盡是夢幻泡影，只在一念之間。

你經歷滄海桑田，該明白事物無其終始，只是過程，可以有所戀眷，不宜偏執耽溺。你看到虛妄導致毀滅的愚蠢，無辜的與爲惡的一同葬送的無奈，你亦目睹信念戰勝逆境，苦難磨出智慧與慈悲。

你愈趨豐盈的生命讓我茁壯，而愛，讓我能獨立於天地之間。面對新生，心知有生必有滅，你們將無所懼。

小龍粲然一笑，展翅高飛而去。

雙面騎士

這時節野地裡草長了，蘑菇也探出頭來，個頭肥壯，滋味鮮甜。

草原的春天短暫而豐美。經歷了寒冬，愈覺春花燦爛，難得的麗日下，一片蒼茫大地閃爍著各色的點點星辰，遠處山巒殘了積雪的尖，映著漂泊的雲。蜜蜂粉蝶也回來了，蜿蜒山道兩旁偶有牧民擺了攤子，販售新鮮的蜂蜜花粉，城裡的嬌貴小姐們頂愛，說對皮膚極好。

幾不可辨的春夏之交，蘑菇們暗暗地騷動，最肥美的總長在那煙雲繚繞的林子深處，但草原上有的儘足夠了，孩子們被告知別到森林裡去採，那裡住了長著兩個頭的怪人，他最喜歡把不聽話的小孩跟蘑菇串了烤來吃。

這話不知誰先說起的，大約是住在溪邊那位婆婆，每天清晨去打水的人家，很快就把流言傳開，於是家家戶戶都這麼警告自己小孩，但除了婆婆，沒人真見過林子裡會吃小孩的妖魔。

一張臉蛋是和善俊俏的，全然沒有怪物的模樣，靠了它拐得人來親近，真靠得夠近，要跑也跑不了，不多時，長袖裡隱藏的另一張恐怖的面孔，便張牙舞爪地撲過來，婆婆這麼說。這裡原來沒有水，是那些失去孩子的母親來到這兒，坐在石頭上哭泣，泉水於是奔流而出，但這泉水帶著淚水的鹹味，沒有一絲甘甜。

婆婆據說當年也是城裡頂出色的美人，多少王公貴族戀慕的對象，怎麼流落到這窮鄉僻壤，沒人曉得。生活的艱困早就洗去她的嬌妍，她跟村里最平常的婦人沒有兩樣，當斑白的歲月爬上昔日的青絲，在眼前無可避免的結局，愈來愈近了。

這個春天她終於沒有再醒來，留下一只小羊羔，以及一個眨巴著烏溜溜大眼睛的孫女兒。曾有好心的人家尋過這孤苦伶仃的小女孩，卻怎麼也找不著，夏日已到了盡頭，家家戶戶都得拔營轉到冬牧場，很快，這片青青草原就會被冰雪覆蓋。

少女沒有跟著鄰居們流轉，她追著羔羊進了林子裡，很快就迷了方向。但她一點也不心慌，這密林給她一種奇特的安全感，遇到的小松鼠小狐狸都睜著友善的眼看她，沿路上她採了不少蘑菇，就生火烤來吃了，小羊在她身邊嚼著細草，篝火慢慢地燃燒，到天亮只剩下一點餘燼。

第二天他們再往森林深處走，一路前行，枝葉疏落處有陽光穿透而來，曬得暖暖的落葉在足下沙沙作響。到了午後下起陣雨，少女和小羊淋得一身溼，躲在樹下哆嗦著。霧起了，前路迷濛著，濕透的葉子枯枝生不起火，少女正愁著今晚要怎麼辦，小羊卻掙脫她的懷抱，追著一道金色的光往前去了。少女跟了過去，瞧見前方跑得飛快的像是個金色的蘑菇，走過之處留下一道晶瑩的痕跡，頻頻回首看他們是否跟上。跑了好一段路，最後，牠在一個小屋門口停了下來。

少女終於看清楚那不是蘑菇——牠綿軟的身體在快速移動時，十足像個金色的球，但牠頭上長了犄角，還有短短的尾巴，說是小龍，卻又不似。少女進了小屋，生火把身子烤乾，開始埋灶做飯，小羊也自個兒在後院吃起晚餐來了。後頭有一口井，她取水時瞧見裡頭映著一個影子，站在自己背後，而那是她前所未見的猙獰面孔：黝黑的臉龐只見刀鋒般銳利的眼，泛滿鮮紅的血絲，張開的嘴裡一排亮閃閃的利齒，仿若亦沾染了血跡。少女大叫一聲，昏厥了過去。

醒來時她在屋裡的床上，小羊偎在火爐前打著盹，爐上還溫著麥粥和蘑菇湯。肚子咕嚕嚕作響，少女顫抖著把東西吃了，想起婆婆說過的食人魔傳說，想著妖魔是否要把她跟小羊養肥了，再宰來吃。她在屋裡沒看見烤小孩的烤肉串，又沒有勇氣出逃，闖進更幽深無法預測的夜裡，只有留了下來。

到得夜深，少女在入夢的邊緣，聽到不可思議的歌聲，從窗畔望出去，她瞧見一個憂鬱面容的老人撫琴而歌，一頭銀絲在月光下閃閃發光，肩上停了一隻婉轉應和的小鳥，一點駭人之處也無，少女偷偷覷著他的長袖，看不出那裡面藏著另一張臉孔。

少女在滿室金光中醒來，有著兩張面孔的古怪老人已經不在了，早餐為她留在桌上，甚至還有一塊不知打哪兒來的巧克力！她無法相信老人對她有任何惡意。那個妖魔的故事，畢竟是大人拿來嚇孩子的，妖魔自在人心，她只看到一個孤僻、不怎麼好相處的老人，但這人還是願意把他可避風雨的棲身處、他存有的食糧跟她分享。少女把那甜滋滋的糖吃了，覺得無比美味。

白天少女跟著那圓滾滾的森林精靈去採蘑菇、拾核果，牠讓她很快熟悉附近的環境，也教她辨識有毒無毒的品種。老人有時在院裡劈材，有時在園地裡農作，有時出去打獵，為他們帶回新鮮的野味，少女於是起勁地幫忙幹活——如同回到她跟婆婆相依為命的時光。他們幫小羊蓋了個小棚，不讓牠到菜園裡啃食珍貴的蔬果，趁著難得的陽光與豐饒大地的賜與枯竭之前，他們得趕緊做好過冬的準備：有多的蔬食先醃製起來，小羊的草料也要儲存，吃不完的肉類、油脂加工保存，地裡的馬鈴薯熟了，趕緊堆進不見天日的儲藏間，免得它長芽。

老人不再讓少女那麼心生恐懼，但他也不是全然和善。偶爾他還是會露出那張漆黑嗜血的面孔，人也變得暴躁易怒，於是少女就躲得遠遠的，等他平靜了再回來。有森林精靈的守護，她愈來愈曉得怎麼趨吉避凶，雖然心中十分好奇，也不去問老人為什麼如此陰晴不定。她確定他袖子裡沒藏著另一張臉，但在他充滿破壞性的活力之時，就會變成另一個人，最黑暗的一面全然地爆發。

漫長的冬日裡，在戶外的時間更短了，小羊也搬進來跟他們住，即使牠越長越大，渾身都覆滿蓬鬆溫軟的絨毛，還是無法抵抗冬夜苦寒。他們在屋裡常以詩歌自娛，這讓少女輕鬆不少，因為撫琴的老人總是安詳平靜，她不需擔心

拜年
斑白
公司
屬於
時光
去
百

老人要是突然變臉，屋裡她無處可躲，而這時節外面又是風雪漫天。平時的老人沉默寡言，但只要一撥動琴弦，就有人罕能及的豐富表達力與情感，訴說極動人的故事，少女於是興起了把故事寫下來的心。在老人彈唱敘事之時，她趕緊拿筆記述，有時她會央求老人再唱一遍，有時老人肩上那隻解語的小鳥會幫她，把遺漏的部分補述上去。平日不見老人把鳥養在哪裡，但老人開始吟唱的時候，小鳥總不知從何處飛來，停在他肩上與之唱和。

故事之初，老人吟詠著小家碧玉的美貌，以及做父母的煩惱。儘管城裡所有青年都戀慕這家的姑娘，他們明白出身寒微，在豪門貴冑那裡只有屈居妾位的命運，找個普通人家嫁了，卻未免不甘心，遂遲遲未決。少女仔細把故事記了下來，拿給老人看，老人找出一幅畫交給她，畫中顯現的就是這部分的情節：美麗的閨女隨同伴們至溪邊浣紗，一路總有目光追隨；磨鏡的師傅想把倩影留在鏡中，賣瓜果的小販總把最甜的留給她，騎了駿馬的小夥子說要帶她出城兜兜風；家門口有人獻上珍寶來求親，父母皺著眉難以應允。

少女把玩著畫卷，驚異最細微處仍筆法精密，纖毫不亂，人物姿態無不生動活潑，用色鮮豔卻不感俗膩，詩歌的美感躍然紙上。她問，這是老人自己畫的嗎？老人笑而不答。

故事延續下去，女孩的父親病故後，事情有了很大的轉變。那沒了主意的母親，讓娘家人給說動了，女孩將入一富室做小妾，娘舅那裡已經收了人家聘金，就等喪期之後過門。

少女一一如數記下，完成之後，老人再給她看這階段的畫：她瞧見女主人公於閨中暗自垂淚，母親手足無措，門外圍滿了絕望的追求者；畫卷的另外一邊，又老又醜的新郎挺著斗大的腹囊，吩咐著把一箱箱金銀珠寶搬到新親家，那賣了甥女的舅舅笑得合不攏嘴。

成親之前，女孩與一位青年逃跑了，那是她最忠誠的騎士，在眾多追求者中，她選中他共度一生。他們越過荒原，要走到水草豐美的那一邊，途中青年為了保護新娘，誤殺了一匹母狼，兩人倉惶逃逸，一窩幼仔哀鳴之聲不絕於耳，巨大的怨靈跟上他們，如影隨形。

這部分的畫卷讓少女不忍卒看，怨靈可怖的眼，不斷讓她想起老人許久未出現的那張猙獰的臉。講完之後老人亦沉默許久，在少女再三懇請之下，才把故事繼續下去。

已經懷孕的新娘到達新棲地沒多久，就產下一個跟她一樣美麗的女嬰，卻沒想到必須以奶水和淚水來餵養她。那受到詛咒的新郎從此性情大變，成了一個雙面人：平和之時他比綿羊更溫馴，對妻兒疼愛有加；暴怒之時他無法控制自己，什麼傷害她們的事情，都可能做得出來。他知道自己無法與她們共同生活，於是躲到密林裡去，三不五時為她們帶來生活所需，而放牧到這邊的人家，總也會幫著照顧他妻兒。自妻子終日垂淚之地，遂湧出帶著眼淚滋味的泉水。

「那新郎就是你，不是嗎？」少女問，「但我家婆婆說那泉水是失去孩子的母親們的淚水呢。」

老人沒有回答她的問題，只是拾起琴弦，把故事再說下去。

有一回有個大膽的孩子在林子邊緣玩耍，看到青年那吸血魔般的面孔，嚇著了，自此林子裡有妖怪之說傳了出去，多重渲染之後，再沒人敢闖進森林裡。光陰如箭，母親的顏色黯淡下來，小女嬰長成美麗的少女，卻在浮滑少年的誘惑之下有了身子，並不幸地於產褥之間逝去，留下一個女嬰給母親撫養。

少女愈聽愈狐疑，覺得故事愈來愈接近自己，待得老人取出最後的畫卷，更是從那個溪畔做著針線活的老婦身上，看到婆婆的影子。她想到牧民們離去以後，隔幾天就會在門口出現的食糧和薪柴，那些支持她們到下一個春天的點點滴滴。她明白了為何日子再苦，婆婆總不願跟著牧民遷徙，追逐下一座豐美的草原，以及她是怎麼編製一個又一個奇異的妖魔傳說，擋開那些聒噪而膽怯的心靈，讓林子裡那人能保有自由與平靜。

「是你一直在照顧我們，對不對？」

「是的，你就是我的孫女。上天慈悲，因為你，跟了我半輩子的狼子之心也老了，終於遠去了。唯一所憾，是我永遠無法在你婆婆生前，求得她的寬恕。」望著少女的那張面孔無比慈藹，不會再為暴戾之氣所折損，「但我很快就會與她相見。」

當春天再度降臨草原，牧民們歸來之時，他們驚奇地發現少女蹦蹦跳跳來迎接，小羊也長得好大，真不知他們是怎麼渡過這個冬天。

那圓滾滾的精靈送他們到森林的邊緣。少女帶走那些畫卷與詩篇，說給牧民們聽，當她彈著爺爺留下的琴，背上總會長出詩歌之翼，金色的小鳥翩然落在她肩上。於是她跟著牧民們流浪，把愛與希望的詩篇，從草原的這邊傳到那一邊。

伴郎奇遇記

一路慌慌張張沒命地跑，到了水邊，他終於筋疲力盡地倒下。水裡映出一個蓬頭亂髮，滿眼血絲的男子，敞開的衣襟上結了一朵胸花，下身光溜溜的，無精打采的小弟弟冷得直打哆嗦。自己都覺得水裡那個鬼影活像個精神失常的，幸好大清早沒人，誰要撞見了，準被嚇得半死。說來，怎麼會落到這步田地呢？早幾個時辰，他還衣著光鮮，神采奕奕地在好友婚禮上擔任伴郎，打扮得挺照眼，女賓或是偷眼明眼覷他，一旁切切私語，或拋個媚眼過來。

友人與他平日也同村裡的女孩嬉鬧，從沒打算認真，在市集上遇到那個山裡來的女孩，卻失魂落魄了好一陣子，在女方終於接受聘禮之前，都這麼渾渾噩噩地過日子。新娘泛舟沿河而下，到了渡口，全村爭著去看，他母親也去了，回來若有所思，「你要有個媳婦像那樣，該多好啊。」

嘖，女人，相好片刻，煩惱終生。他不明白什麼樣的女人讓好友喪了志氣，失了心神。禮成的那一刻，新人迴身接受賓客祝福，流轉之間，驀地蘭芷幽香襲人而來，他一怔，抬眼正對上新娘的眸子，滿天繁星在眼前閃爍，就這麼墜入無垠夜空裡。

「她要是我媳婦，該多好啊。」

他竭力不讓人看出心裡的失落。夜深了，一夥喧鬧的賓客終於離去，新人也在房裡歇下，他的房間就在新房隔壁，而他翻來覆去無法成眠，心裡那個縫隙愈裂愈大，從悶著暗傷到抽搐的尖銳痛楚，如果這時隔壁傳來些許洞房花燭銷魂的低吟，真不如死了算了，他想著。

他的門卻在這時開了，女人細碎而不穩的腳步，到了床邊，在他身邊躺下。是婚宴上遇上的舊情人，趁亂躲了起來，等所有人走了摸進他房裡嗎？幽蘭的氣息在暗夜裡飄散，他心裡一動，明白是眾裡尋她千百度，卻黯然在婚禮上擦身而過的無緣人。女人溫軟柔膩的肉體挨了過來，小手似不經意拂過他的命根子，隨手把握那藏也藏不住的欲望。他呻吟著，心裡惦記著隔壁獨眠的友人，卻不由自主把她抱得更緊，不住摩挲擁吻那甜蜜豐盈的胴體。女人任他解去羅衫、恣意輕狂，一手緊緊抓住他硬挺的下身，微微分開的雙腿間悄悄濡濕了，於她的嬌喘之中，他終於無法抑制地圓了友人的洞房花燭。

如是幾度纏綿，快到天明，朦朧之際，枕邊的人突然一把將他推開，放開喉嚨大喊，「快來人，強姦啊！」

被單裹緊了身子縮在床角，望住他的仍是那雙懾人魂魄的瞳眸，但眼底盈滿的與其說是驚懼，不若是羞恥，是否藏了幾分狡黠，就看不清楚了。這真是昨夜與他同昇極樂之境的冤家嗎？怎麼就翻臉不認人，還狠狠地反咬他一口？唷，女人啊，快活片刻，煩惱一世。

他在衝進伴郎房的人們搞清楚怎麼回事以前，狼狽地捲了衣物奪門而出。沒有追兵，但他知道逃不過去，說不過去；再怎麼，都不該丟下上了年紀的母親去應付兩家人的驚愕與憤怒。天大的喜事這麼一攪和，該怎麼收場才好？新娘可以一把鼻涕一把眼淚地泣訴夜裡起來小解，從洗手間回來的時候，顯然在陰暗裡摸錯房間，睡到天亮才發現枕邊人不是新郎。不管如何，新婚夫婦之間已經產生嫌隙，還怎麼百年好合呀？他不由得痴心妄想，乾脆將錯就

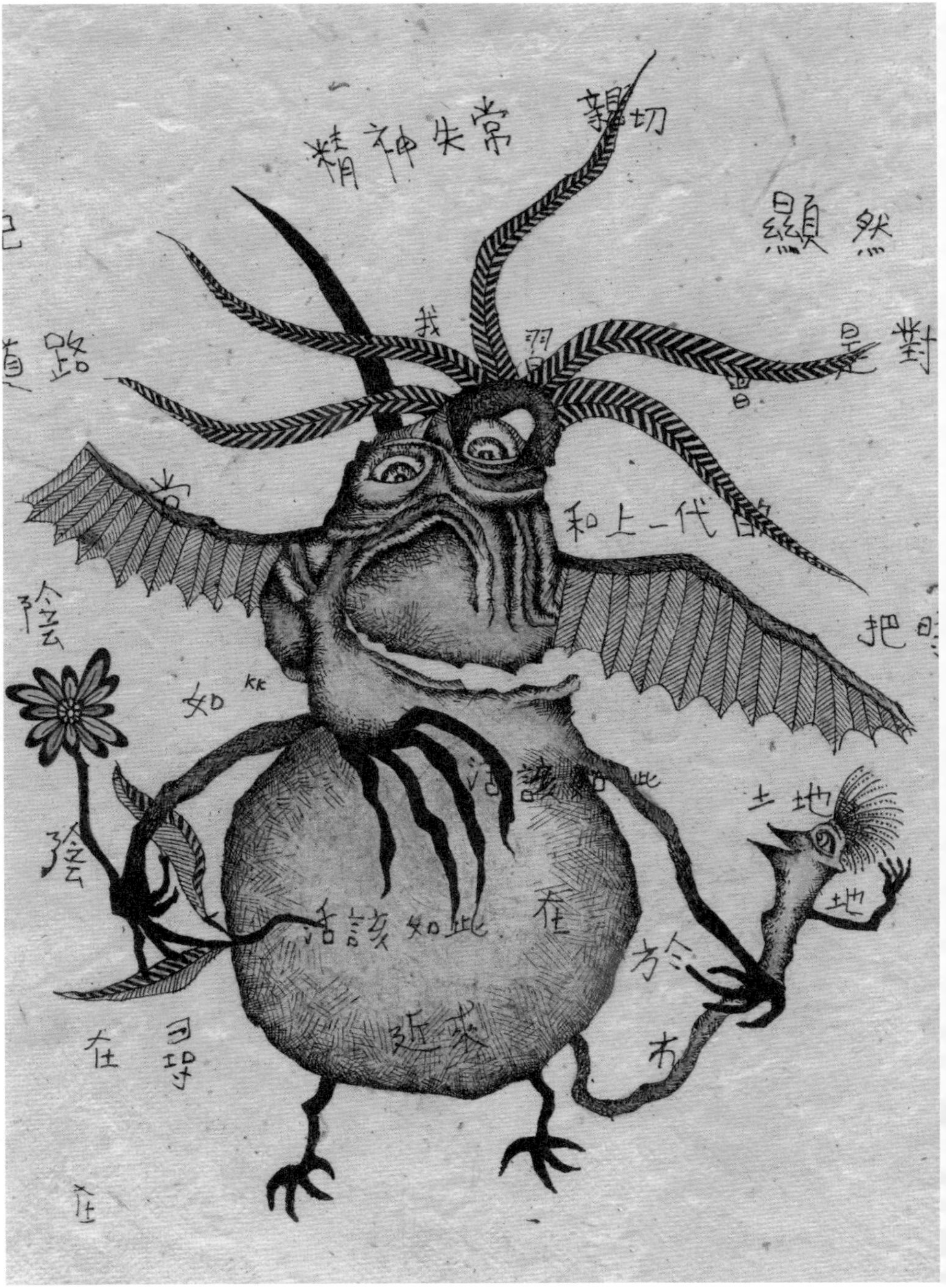
精神失常
親切
顯然
我
習
路
是
對
和上一代
把
陰
如
活該如此
陰
土地
地
於
在
近來
在

錯，把她娶過來算了，回去定是招來一頓好打，說是她主動也沒人要聽要信，可不是他佔了便宜還賣乖？如果兩邊怨氣出了，問題還能解決，也不算不圓滿——對他來說。即使他們這一家孤兒寡母的，不如好友家底殷實，也不知她是否願意，是否覺得委屈了，也不知一無所有的他們，要怎麼補償明媒正娶的雙方損失。

他就著溪水打理好自己，撕下一塊襯衣裹住下體，準備往回走。這才發現那邊草叢裡一團棕色的毛皮掙扎著，是隻落到陷阱裡的小狸貓。他打開獸夾，再撕下一小塊布給牠包紮傷口，不覺嘆了口氣——這可憐的小東西，天真地在外頭闖蕩，無意身陷險境，可不跟他一樣嗎？眼見牠一時也走不了，他想著先帶著牠，把傷養好了，再放生吧。

「先慢一步，你就這麼空手回去，還指望人家通融？」他嚇了一跳，只見懷裡那隻小狸貓睜了清亮的眼看著他，「你說我天真還是你？我不過就運氣不佳，打斷腿骨，過一陣子還是一條好漢。」

不曉得小狸貓怎麼知道他的故事，又怎麼能說這麼人模人樣的話，不過牠接著伶牙俐齒地說服他，現在回去準是找死，不如先在外面闖蕩，過一陣子大家氣消了，再體體面面地還鄉，手上備妥厚禮去賠罪求親，可不是很好？

「如果……大家氣消了，想通了，還讓她進門……還是，還是她又嫁了別人？」

「沒緣也就沒辦法囉，活該如此。不屬於你，多想也沒用，有緣啊，不用打著燈籠到處找，自然天上掉下來——她不就這麼掉到你床上？」

小狸貓說，要是外頭遊歷個五年十年，煮熟的鴨子也會飛掉，但他們就耽擱一下下，賺夠了趕緊回來，正好。說來他運氣真是好，有牠幫襯，誰不知道狸貓最出名就是會報恩呢？

這麼走著到下一個小鎮，人來人往的，不免要盯著這個衣不蔽體的奇怪男子。這時他手上那隻小狸貓開了口，繪聲繪影地形容他們怎麼在林子裡遭了盜賊，被洗劫一空，就丟下一件破衣給牠主人，瞧瞧，這麼俊俏一個小夥子，讓他在姑娘們面前光著兩隻毛腿，下身那塊布又不牢靠，怎教人不害臊？各位老爺太太行個好，施捨施捨些，讓他有身衣服穿，有點盤纏上路，大恩大德，感激不盡啊。

這窮鄉僻壤的，沒多少好施捨，卻人情淳厚，有個裁縫拿出一套舊衣裳，接骨師傅給小狸貓敷上金創藥，客棧老闆讓他們歇了一宿，還備了一包乾糧給他們好上路。小狸貓也託了熟識的雀鳥帶封信回村裡去，要他們都等著，先別忙著鬧，一定回來給交代。

在下一個城鎮，小狸貓在茶館裡說笑話、唱幾首小曲，居然大受歡迎，連幾天場子都是滿座，他們的賞錢也不少。有戲班主人來問，要多少錢他肯割愛這隻會表演的小狸貓？他回絕了，那天小狸貓直催著趕緊上路，「你瞧著好了，要不走他肯定要幾個小癟三找你麻煩，把我弄到手。出來走江湖，不能不當心啊。」

他們到了一個大城，特別給小狸貓做小鞋小襪，瓜皮小帽和長袍，讓牠登了戲台演出，生意愈來愈好，牠的行頭也愈來愈考究，出場換戲服還換佈景，有時牠也捧了把特別為牠訂製的小琴，隨手撥幾下，不成曲調卻有情，後台有正式的班子給牠伴奏。城裡有個富人包了好幾次場，自家園子裡幫牠搭了戲台，後來乾脆要他們住下，就唱給他一個人聽。於是他們知道，差不多該是離開這城市的時候了。

覺得時來轉運的伴郎兄，想著錢也賺了不少，是否可以衣錦還鄉了，小狸貓卻說時機未到。他們來到京城，「會說唱評彈的狸貓」名聲很快傳開，連皇上都聽說了，下旨召他們進宮獻藝。小狸貓戴上高帽，打扮成朝臣的樣子，插科打諢地，還扭著屁股跳了個不三不四的舞，皇上拍手笑得十分開心，滿朝文武百官也只得鬆下繃緊的撲克臉，不甘不願地陪著笑。

次日他們被召進後宮，皇上想他們表演給公主看。皇上就這麼一個女兒，說是天使也沒這麼純真甜美的笑顏，她母后斷氣的那個晚上，宮廷裡陰風慘慘，一隻怪貓跳到她噩夢魘住的胸口，驚醒之後，她就再也不笑了。

在脂香凝重的後宮裡，小狸貓吹著一支蘆笛，音色淒清慘澹，嗚咽得所有人都掉下眼淚，公主卻仿若無動於衷。牠放下笛子跑到她面前，瞪大眼睛看她，公主想起那不祥之夜的怪貓，竟暈厥了過去。

皇上一聲令下，原本是座上貴賓的兩人，瞬時成為階下囚。公主醒了，說要見他們，滿院嬪妃鶯燕都讓迴避，只有貼身侍女相伴。

「是你進到我的夢裡，奪走我的睡眠與歡笑麼？」公主問。

小狸貓說不是，「但我明白這些年來纏著您的陰影是什麼。」牠唱著，「誰要為那歡唱的小鳥蓋個金鳥籠，牠就不再歌唱了；誰想堵住清澈的溪水，它就變得污濁了；想留住溫柔清風的人啊，關起門來只剩下烏煙瘴氣。」

「我從小就訂了親，」公主說，「聽說鄰國的王子是個溫柔可親的人，就像我父親，也會同樣地疼愛我。但又如何？我的母親還是含怨而死，而我，要從這座金鳥籠到另一座金鳥籠，依著飄渺不定的愛情度日，當愛情消逝了，就只剩下體面跟顏面了。」

「那麼跟著我們一起遠走高飛吧，海闊天空任逍遙，您就自由了。但您真要這個自由嗎？離開了金鳥籠，沒有人每天奉上可口的食物、甘甜的清水，把您捧在掌心上伺候，您能習慣嗎？」小狸貓跳上公主枕著的靠墊，「把籠門打開，從束縛裡找尋有限的自由吧。不要為這污濁的塵世歎息，當清風逝去，不要惋惜，明日將帶來新的陽光、朝露與愛情。」

於是公主笑了，欣然接受為她安排的命運。皇上想賞給小狸貓一個官職，讓牠長留宮中，但他們回答歸心似箭，只願早日還鄉。於是皇上賞賜無數稀世珍寶，吩咐備好駿馬，讓他們一路好行；小狸貓得了一塊「御貓」金牌，以顯其地位尊貴，雖然牠嘴裡叨叨唸著這不過身外之物，還是喜孜孜地收下了。

來時路途迢遙，回時順行無阻，倒是惦記著的人兒，如今是否安好？一回到家就看到思念的她，母親待之如兒媳，百般呵護，而她已有了身子。

他走了之後是一波又一波的驚濤駭浪。新郎家怒不可抑，定要討回公道，這村那村的長老都找來還是沒法協調，要打上官司了，當事人偏又找不到。新娘家拒絕退回聘金，覺得虧了自己女兒，就算自個兒摸錯房，睡在那兒的伴郎不顧道義就此輕薄，當然要他負責。伴郎母親力挺兒子，說強姦是不可能的，人家女兒不願意做得成嗎？到底怎麼回事，他一定會回來說明白。新娘羞得話都說不清，父親開口了，她以為這就是新房、床上的男人是她老公，他對她怎樣她能說不嗎？

這筆帳怎麼算都不會清楚的，新郎這邊惱恨得不得了，要放手又捨不得，正三心兩意地，猶豫是否釋去前嫌、重歸於好，她卻因那不明不白的一夜懷孕了。

他回來了，終於擺平一切，他們真正以夫妻的名義，相濡以沫，相擁而眠。妻子在枕畔低語，說那晚新郎喝得爛醉，不省人事，她出房小解，回來時其實沒有摸錯房間。

他在黑暗中沉默了。「但我不知還能怎麼做。見了你，我就不想嫁給別人了。」她說。

「那怎麼誣賴我強姦呢？」

「不那麼說，就翻不了身了呀。」在黑暗中她的眼睛閃閃發亮。

「唷，女人，銷魂片刻，糾纏一生～～」遠處依稀傳來小狸貓的歌聲。

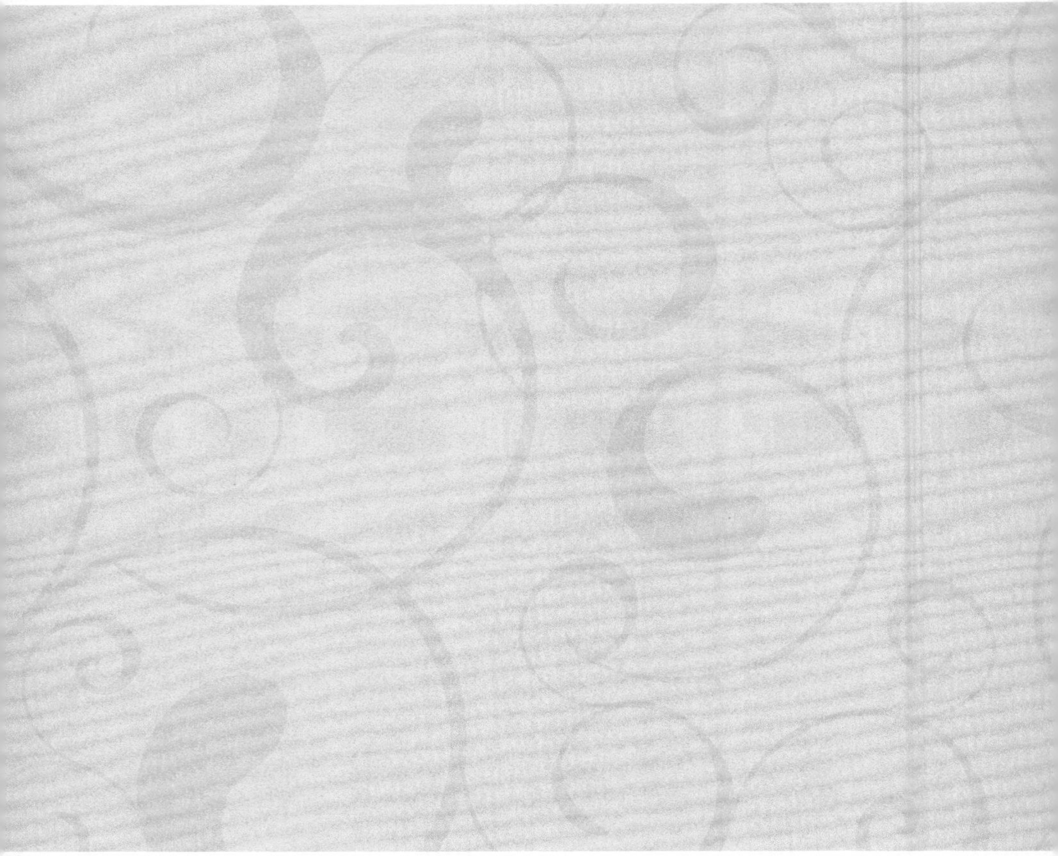

III

流動的饗宴

鮮美

一魚一羊謂之「鮮」，大羊謂之「美」，鮮美二字裡都有肥羊，羊味之美，不言而喻。

烹羊一般喜下重手，中式的蔥薑蒜韭當歸沙茶豆瓣，西洋風的迷迭香薄荷醬，捲著沙塵焚風而來的薑黃番紅荳蔻氣息，不外藉著辛香辣味鎮住腥羶之氣（「羶」也沾了羊字邊……），仿若香料就是羊肉自然的延伸。

初次嘗到淡烤羊排佐法式橄欖醬，一絲羊膻也無，簡直不敢相信真是羊排。閒適浮在醬汁上的肉片外緣微焦、中心粉嫩，像是淡墨描花一層層渲染，玫瑰色澤上重重塗覆淡灰淺褐，纖巧卻執意地往外擴散，漸次黯沉，至邊緣已墨重色濃，無須鑲邊而自然有形；花心顏色鮮妍卻溫潤婉約，羊肉的半熟意境在此，別於帶血牛排紅豔豔滴溜溜的迫人魅惑力。

賞味方知調味的謹慎，細細攀住一瓣瓣肉片邊緣的椒鹽桂葉百里香，餘波般迴盪著，把滋味傳回肉心，慎守提味本分而不掩肉的鮮甜。所謂畫龍點睛就在醬汁，肉味如此鮮美，佐醬要是配俗了，便全盤皆輸。那醬汁是羊脂鮮蔬香芹細細地熬，差不多了，才拌入切碎的橄欖酸豆，其味甘醇而不濃膩，馥郁中有爽澤精神。剛烤好淋上醬汁的羊排，有如浴後香草美人，點上了帶著夏日風情的香水，揮發融入肌理，烘托著體香，不妖不媚而層次分明。

真是一絲臊味也無，細嫩如此，不會是牛肉吧？像是猜到饕客的心思，大廚特意在盤邊留了兩根乾乾淨淨的枝骨。那確實是羊骨。

羔羊只要新鮮、調理得當，自然毫無腥羶，無須濃重香料醬汁壓陣。但是這樣牛羊難辨，匪夷所思的美味，讓人驚豔之中卻有些惆悵。那兩支洩漏玄機的羊骨，從盤邊偷覷，幾分不自在裡又掩不住一絲得意之色，就如掌廚人自負手藝精妙，卻也無意透露少了一點什麼，

就是個性。

友人自塞外歸來，云大陸西北回民治羊手法果真爐火純青，讓人難忘。「聽說孜然茴香用得多，是嗎？」我問。

他搖頭，「香料不是重點，調味很樸素的，但是烤得真是好，會讓你對羊臊完全改觀，覺得臊味不折不扣就是香味。」

我切下一片甘美不臊的羊肉，冥想著臊味就是香味的意境。那天主廚慷慨把烤過的整隻羊腿骨連食譜一併割愛，還吩咐喜不自勝的受贈者，「回去加一條白蘿蔔一起熬湯，熬透了整個濾過，那個高湯底再加蘿蔔和一尾活魚煮湯，這湯就叫做『鮮』。」

於是我隔幾天就問朋友湯煮了沒，等著分一杯羹。回答始終是羊腿還在冰櫃裡，那一家子都是能烹能煮的，卻總等著別人率先動手。兩個禮拜以後，終於有下落了，「把那腿骨從冰箱裡拿出來，想一想，還是丟了。」

聊齋裡不乏日暮荒郊忽逢豪邸的書生，雕樑畫柱美人溫香的幻境之後，醒來只見孤墳白骨。我想著那冰塚裡沉睡的羊腿骨，本以為藉著隆重的熬煮加料儀式，必能轉世還魂，以另一番風情喚回當日晚餐的歡愉；誰知冰凍三尺，取出的骸骨讓人不勝唏噓，香魂已杳，若之奈何？與「鮮」湯終究是無緣。

菜蟲之死

菜價隨著夏季風災水患起伏已成常態的那年入冬，某天突然對超市架上整排齜牙咧嘴的綠色蔬菜感到反感，提著籃子在包心菜、津白、本地白菜、娃娃菜之間猶豫不決。菜價上揚，有些原本整個賣的就分切了，像是安慰似地，分散消費者的負擔，也讓打理一家吃食的主婦／主夫有機會享受單身貴族的份量；切半緊緊纏著保鮮膜賣的包心菜，不知怎地就是覺得被輕薄了，好像一名把自己包裹得密不透風的矜持女子，硬是給扯開衣衫要驗明正身，哭哭啼啼，飽受委屈。我最後選了一顆渾圓的白菜。

起初，對這株白菜沒有什麼特殊的感情。把外面兩片風塵僕僕的老菜葉剝掉，想著要怎麼調理時，我留意到底下那瓣中心有點晶亮的水漬，形狀像是淚滴，凝聚而下的那端拖著細細的灰白線條，莫非是老淚縱橫的眼角邊，那呼之而出的歲月痕跡麼？仔細一看，是隻菜蟲，已經斷了氣，身子微冷還未僵，對眼前美味的執著仍依戀不去。

曾聽友人說過一個驚悚故事，講的是目不轉睛盯著電視螢幕，咬開甜美多汁的桃子，廣告時刻，再把視線回到咬了一半的桃兒身上，恰恰瞧見被削去半截的蟲兒扭動著，為那殘缺的生命作最後的掙扎。感謝老天，我還不用為我那菜蟲的死背負如此的原罪。這也早就不是妙齡女子看到蟲蛇便花容失色的時代，尤其在有機健康概念盛行之世，更該感謝菜農養得好、不亂撒農藥，有這條蟲背書的白菜必然安全可靠。

然而我卻無法以這樣理性的思維收拾心情，而是繼續以近乎著迷的眼光看著菜蟲，畢竟用生命換取最後一口，不是隨便做得到，也值得美食主義者為牠致上些許敬意吧。牠微薄的身軀在偌大的菜葉上如此渺小，卻在泛著點黃翡翠碧光澤的白玉上，啃出那麼一道晶瑩剔透的脈絡，留下不會消失的愛之傷痕——我想著最後的鍾情之吻，對於冷藏櫃咄咄逼人的寒氣，牠並非毫無所覺，與其驚惶失措，還不如盡情到身心的極限。愈來愈費力地嚥下萃出的瓊漿玉液，纖足一根根慢慢地僵了，嘴巴仍無法停住，葉片啃蝕漸薄，卻再也穿不透了，撒手遺下一抹冰晶凝露，永遠凍在不覺癡了的那一刻。

如果我能讀出牠臉上的神情，想是永遠期待著下一口溫香軟玉的纏綿之意。（文人皆【自作】多情，果真不錯，也因此更接近人世真實。）

我終於把蟲子從牠深愛的白菜墓穴裡掏出來，跟牠說對不起了，你沒吃完的我幫你繼續。不忍心讓牠沿著沖洗菜葉的龍頭飛瀑而下，捲入下水道惡味雜陳的腐朽地獄，我於是把牠葬在陽台的仙人掌盆中，沐浴在溫暖的陽光下。取之自然精氣，回歸天地之間；或許有一天，牠的執迷不悟能化為仙人掌的養分，以稜角鋒銳的舞姿，在星光下開出第一朵花。

我煮了那顆帶著淚滴傷痕的白菜，記得的確有著難言的美味。

仙人掌之歌

有些人就是天生綠手指，彷若隨意捻花植草，卻無不春意盎然，欣欣向榮。

鍾情於仙人掌，並非只因自己缺乏園藝才能，或是無心思、無閒情去呵護嬌貴的植物，遂挑上不怎麼照料也能活得自自在在的旱生一族。

仙人掌總給人一種超現實的美感。滾滾荒漠之中、窮山惡水盡處，從草木不生的蒼涼裡，伸出數只丈高的巨掌，或是瘦骨嶙峋、或是肥碩圓實，不知是控訴天地不仁、造物無情，還是乞求上帝悲憐，降予滋養的甘露；生命繁衍的無限可能，直教人歎為觀止。種在盆裡的仙人掌，少了幾分難馴的野性，卻仍鎮不住桀傲不群的氣質，四周花木隨著歲時繁盛蕭條，它總是默默無語，寒暑風霜裡，時間自顧自地流逝，它也少有一丁點兒增長。

沒有比仙人掌更木訥寡言的植物了吧。或許在渾身棘刺之下，緊緊裹住的是一顆靦腆的心，隱藏著難以言述的願望。

去年春天，被我遺忘的仙人掌開花了，帶來意料之外的燦爛。我怎麼也沒想到角落裡那最不起眼、像是破土而出的幾個鐘樓怪人腫瘤，竟從荊棘縫裡吐出低垂著長長天鵝頸項的花苞，綻放的鮮豔紅花足有碗口大，恣意猖狂的模樣，把背後的腫塊映襯得更瑟縮猥瑣了。花苞如雨後春筍拚命地竄出，於是那小侏儒似的仙人掌，在花季過去之前，穩定地維持住十來朵壯碩勝似自己身子骨的群花爭放奇景，像是頭上插滿大紅喜花的麻面媒人婆，潑辣的氣勢十足驚人。

養在鮑魚殼那株圓掌的金黃芒刺彷彿黯淡了些，鋒頭減了幾許，寵愛也淡薄了。我的心思全在紅花小侏儒身上，為它許下千般誓言，花開花謝吾心依舊，再不讓它在冷宮裡黯然神傷。

那遲來的心意與過度的嬌寵，終究把它淹沒了。仙人掌總是默默無語，到我驚覺它不再碧綠，大半株在氾濫的溫情澆灌裡，已經暗自腐朽；曾經張揚的囊刺垂頭喪志，隨手一撥，潰爛而抓不住半點土壤的根部，帶著主幹顫巍巍垮了下來，盈潤的內層如今只剩空洞的海綿體。春盡難留，從中心開始凋零的仙人掌，暗暗把腐敗之氣擴散出去，我只能在生命尚未完全流逝之前，搶下外圍幾團微不足道、還未受到波及的小綠球，移盆重新栽植。

意外的春天走了，遑論何時會再歸來，眼前的小生命能否存續尚未可知；手指在笨拙慌亂的移株過程中掛彩了，帶走小綠球的部份芒刺，但那已故仙人掌的一點血脈，得以暫時安頓。四五個傻愣愣的小綠球，得擔負如此重大的回春期望，想必也惶惶不知所措吧，栽下好幾個禮拜，卻總是那不死不活的模樣，是否悄悄在地裡扎根，無從得知。唯一例外的是那個把刺扎在我手裡，因而光裸著禿頂的小球，我看著它無所遮掩的身子綠意漸濃，顯見活了過來，心裡覺得踏實了些。

這原本就是個不公平的世界，無緣偏愛與無端厭惡在所難免。一旦把心思放在這光禿禿的古怪小球身上，其他小綠球的死活也不重要了；某一天瞧見小禿子頭上拔出一絲華髮，即便那麼袖珍一丁點，還是驚喜萬分，更確認它活得不錯，眼見就要長出新的芒刺。但隔了幾天，正要留起頭髮的小禿驢失蹤了，案發現場只留下一個錐形空洞（唉，已經生根了啊……），不知那家眼尖的鳥兒趁著刺兒未豐，欺它毫無防禦之力，遂叼了去裹腹。

不忍心再想那趕命（卻來不及）生出刺來保護自己的小仙人掌，傷感是因為起了憐惜之心，卻怎能怪那賊鳥兒心狠呢？不過是同樣在求生存。

曾有一回，我驅車穿越荒沙與仙人掌點綴的墨西哥平野，在挨近大塊風景邊緣，一間孤零零的茅舍前停住。瞬時間一家大小忙著為我們做羹湯，我睜大了眼，看女主人俐落地去除仙人掌棘刺，削皮切絲大火快炒，平常地就像你家菜園裡的絲瓜蘿蔔。端上桌的酪梨醬脆餅、蒸玉米餃、辛香濃巧克力燴雞都是早就熟悉的菜色，然而農家樸實的風味，遠非那些充斥在美國境內，不美不墨的速食餐廳可比。滑溜腴嫩的仙人掌炒肉，特別讓人難忘，不僅因為是第一次的邂逅——誰能料到那樣凜然孤高、彷若絕不親人的外表下，竟有如此柔軟潤澤的內心呢？

偷了我仙人掌的鳥兒，多半沒有癡人這般的情思與味蕾，否則在一個生命消逝之後，為何從來不聞牠為之牽動，化為一曲動人啼囀。

溫泉親親魚

箱根引進土耳其溫泉魚造成轟動之後，這些指頭大的小魚兒，也隨著流行風潮殖民到臺灣，豐富日據時代以降培養出來的泡湯文化。

冒著寒風，你把腳丫子舒服地伸進飄著輕煙的溫泉池裡，眼尖的小魚兒察覺了，晃著紅灰身子怯怯地游近，冷不妨啄你一口，又抽身觀望一下，再靠過來，忙不迭親吻你的腳板；身先士卒的那幾隻若沒被踩扁，一會兒工夫你的腳緣、腳跟、腳趾間便圍滿魚群，你稍稍傾了腳板露出縫隙，還有幾尾個頭健膽子大的，鑽進去奮不顧身舐著你的腳底；小魚兒無齒，想咬你也不可能，用的是吸力極強的吻部在親你，像是細針輕輕地扎著，不疼，癢搔搔麻滋滋，甚至

有一絲甜蜜蜜地。（有人這麼熱情地吻著你的足踝啊！）冬日暖陽出來了，仰首望去，在你眼前層巒疊峰的遠山，迷朦的薄霧一層層地散去，淡墨驀地撒上金粉，暈開了只見底下含翠欲唾，漸次糊上來；低頭俯視，一面面迷你鯉魚旗繞著你的腳，在水中悠然飄蕩，旗端兩根纖毫鯉鬚閒適地垂著，小紅旗揚起時就那麼神氣地抖一下。

業者告訴你，這小魚在土耳其溫泉區發現，可承受近四十度高溫，溫泉水暖生物不多、覓食不易，不利的環境把牠磨練得堅毅，也學會了啄食泡湯人們皮層，開拓新食源的本事。你可以叫牠醫生魚，業者信誓旦旦，牠會把角質去得乾乾淨淨，按摩又調理，有皮膚問題找牠就對了，讓牠吞了你病皮惡菌，一吻見效；帶孩子來玩，讓溫泉魚親一親，最好的生態教育。

你想如果小魚兒溫飽無虞，張口就有蟲蝦飼料，是否還來理會死皮硬繭？你不好意思詢問業者是否虧待牠們，讓魚兒餓成這般光景；仔細一看，倒也不是饑不擇食，其實挑得厲害，有人腳邊門可羅雀，有人足畔熱鬧滾滾，擠得一位難求。你看著仍在腳邊孜孜不倦的小魚兒，瞧牠這麼奮力不懈，寧可因為你的皮層香甜可口，讓牠戀戀不捨；但是業者又開口了，溫泉魚特別喜歡有隱疾的肌膚，因為容易脫落吞食。

如果你有莊周的精神，你會說其實魚兒有味蕾，能嘗得優劣——你又不是我，怎知我不知魚兒識得好味道？那個小寶寶柔嫩的足底，嘗起來像南洋鬆糕，灑下的椰子屑還帶著濃濃的奶香；抱著他的媽媽顯然冬日保濕滋潤作得不夠，在水裡泡開的皮層，是花枝排上沾著的麵包屑，炸得香酥又涼掉、受潮了，有點海鮮的腥氣。那位年輕女子趾縫剝落的，如草莓冰淇淋上灑滿的五彩糖衣巧克力末，人工色素香料以外，還沾染了趾甲油的嗆味，又雜著廉價的乳液香膏；對面老伯足下千重萬疊，好似鍋裡炸了好幾回的臭豆腐角，異香撲鼻又奇堅難摧，得耐著性子慢慢琢磨；旁邊那隻腳像剛蒸好的地瓜，卸下來的外皮還留有大地的甜香。

「好長的便便！」你聽見童稚的呼聲，驚嘆小魚兒大餐的最終章，由排泄孔寫意揮灑，如香灰悄然而落。幾隻放肆的小腳丫，在淺淺的池裡激起漫天的浪花，放縱寵溺的雙親眼中，只有愛兒活潑的姿態，不見池裡驚惶失措、奔走逃竄的點點身影，捲出四界擴散的紅色細霧。

這陣子風靡過了，溫泉鄉再有新寵崛起，小魚兒的命運又將如何？你想著同胞們所熱愛的短線操作，來得快、去得更快的情感與記憶，有些不忍，閉上了眼——嚥著你那輕巧而綿密的力道，仍從足尖源源不絕地傳來。

欲望之翼

滂沱大雨的夜晚，懶得出門覓食或買菜，冰箱裡存貨繁雜，量卻都很低，剩一小塊燻鴨胸肉、幾片生菜葉、半個蘋果、剝好的石榴子、熟透的幾只西洋梨、乾溼軟硬不一的乳酪各少許，晚餐時間該何以為食呢？

「做菜的訣竅，在相信你的舌頭和想像力，其他就放膽去做。」廚藝的第一個啟蒙師這麼說。而說這話的人，隨著機緣與直覺，從維也納到了晴空萬里的南加州，回臺數載，又漂泊到上海、河內，娶了個日本老婆，現在已極少下廚房。有上好材料能轉變成美味料理的手藝，曾讓我受益不少，但對他最為佩服的，是巧婦能為少米之炊的創造力，在手邊可用食材不多的情況下，依然能點石成金。

我削了西洋梨，用開了幾天已經不好喝的紅酒與香料慢火煨著；生菜、石

榴加上核桃可以做個沙拉，切碎了紅蔥頭和進酒醋裡，等酒醋把那脾氣硬得讓人流眼淚的蔥頭，慢慢給勸得婉轉了，等會兒搭橄欖油做沙拉醬。切片的鴨胸可以直接吃，但那厚厚的皮下脂肪讓我皺起眉頭，於是起鍋去煎，果然沒多久就炙出一層鴨油，香味四溢。

哎，動物油脂，極不健康又極其美味，手邊如果有馬鈴薯該多好，我想著讓鴨油煎香的薯塊，真是饞得緊；這性格質樸溫順的薯類，就是需要點恣意油光瀲灩、不曉得收斂的野性，好好琢磨出它的光采。努力把馬鈴薯忘了，再回頭看看與鴨肉大有搭配潛力的蘋果，心裡頓時有了主意。

切薄片的蘋果一半在盤上環狀排開，另一半蘋果片在掌廚的縱火狂熱之下，先捱過白蘭地在鍋裡捲起的烈焰焚身，驚魂未定，眼見肉桂黑糖又迎頭而下，只得硬著頭皮去熬；煎蘋果盛了盤，靦腆地躲在它們白皙的兄弟後頭，我把多出來的一點醬汁順勢淋上生蘋果。

燻鴨胸蘋果沙拉大功告成，原先不喜鴨皮脂肪肥膩，結果熱火逼出來的鴨油，還不照樣回鍋再用，換個形式吃進肚子裡？自己都覺得好笑，但到底值得，不這麼折騰，也沒有眼前這雙色蘋果的美景。紅酒梨也漬好了，撒上核桃和

Gorgonzola 藍黴乳酪，熱呼呼地，寒夜裡很溫暖的開胃菜。

作為主菜的沙拉，是幾隻野鴨怯怯划過碧波裡掩映著紅蓮的鏡湖，邊緣由雪白至棕紅仔細排開的蘋果薄片，恰似梳理過根根分明的羽毛，劃出了美麗的半弧，宛若天使之翼：白皙者迎風張揚，卻沾了焦糖色的凡塵，在爐裡試煉過的，是向陽羽翼陰影下溫軟的絨毛，生動地襯出飛翔的渴望。我舉杯敬親愛的溫德斯(WimWenders)，決定把這寒酸卻不失骨氣的作品，題為欲望之翼。

誠然，我那沾沾自喜又充滿小資產階級情趣的小聰小慧，比不得溫德斯在「欲望之翼」（英文片名：Wings of Desire）片中，透過天使的慈悲，撫慰戰後滿面瘡痍，「柏林蒼穹下」（德文片名：Der Himmelüber Berlin）疲憊的靈魂。然而寫意拼貼零碎，期許脫胎換骨，於殘缺中寄寓圓滿的心願，該是以詩心與抒情的眼，從殘磚破瓦之中重建新生，讓凡塵的喜悅為黑白畫面增添色彩的電影大師，所能夠體諒的吧。

於是我再度舉杯，敬生之欲望與想像力。

櫻桃的滋味

把繫著緞帶的黑盒交給我，他就低下頭，在我掀開盒蓋時，才抬眼偷覷我的反應。

一整盒熟透的櫻桃，飽滿的果實顆顆深邃油亮，光線折射下透出幾分沉穩至極的深紫紅。知道這般盒子裝的不會是新鮮水果，還是忍不住讚嘆這巧克力真是漂亮，每顆都帶著櫻桃梗子，姿態各異，生靈活現。拎起來細細賞玩，輕搖一下，瞧它在梗子下滴溜溜晃著，宛如剛從樹上摘下，不像工坊模子裡融鑄出來的。

「好大一顆！」我準備把它撥成兩半，「我們分來吃好嗎？」

「不能分！那裡面是酒……」

那櫻桃在焦急的提醒中倉皇入口，梗子在他手上，那雙眼睛一時忘了羞怯，

滿懷期盼地盯著我臉上的表情。櫻桃烈酒的甜香，在我舌上流竄開來，濃醇的酒精氣息，呼嘯鑽過鼻翼而去。像是戲水人在岸邊驀地被一波大浪襲倒，我嗆了一下，再浮出水面，只覺撫過溼潤頭髮肌膚的陽光，更加燦爛耀眼；含在嘴裡的液體，也慢慢釋放它那金色的甜蜜，在我戀戀不捨、緩緩嚥下去時，溫存著一路上邂逅的每一個細小的味蕾。

品嚐時，我習慣閉著眼，看不見自己臉上的驚奇為愉悅撫平磨亮，直至它也煥發出同樣的金色光芒，但我張開眼時，瞧見餘暉照進他眼裡，點亮的羞澀閃爍著，瞬間卻化為慌張：「小心，有核！別吞下去了！」

那精巧的巧克力牢籠裡，竟悄悄囚住醉倒的櫻桃靈魂。陽光與清風呵護自然而就的櫻桃乾，臥酒而眠，乾皺的果肉，像上過精華液抱著殷切期望的肌膚，略略舒展（當然不能指望原先飽滿多汁、平滑緊實的模樣。），包覆著那顆讓齒牙擒住的核心——仍然堅毅，經歷了歲月而未妥協。

「我覺得有果核的巧克力蠻可愛的，你或許……會喜歡。」他又低下頭，眼底的光籠在陰影裡，偷偷揚起的嘴角，卻洩漏了幾分慧黠——以及那藏拙的不確定語氣背後，幾分真實的得意。

多年後我又收到一個特別的櫻桃禮物，四角方瓶的果醬，瓶口繫著黑蕾絲緞帶，讓我想起手工包裝的精品香水，封口處纏著細膩的金線。驕傲地捧上禮物的人咧開嘴笑了，「如何？像個香水瓶吧！」想到這個禮物串連了我寫調香和美食的兩本小說，不得不佩服送禮人的巧思。

他拔開軟木拴，讓我嗅嗅流溢而出的甜香，對一旁的朋友解釋，「之前的女朋友很喜歡櫻桃，那時多做了一些櫻桃糖漿存起來。這果醬做法是利用比重不同，橙花蜜會沉在底部，櫻桃醬調得不那麼濃稠，就浮在上層。」

很快在場所有的人，都捧著淋了果醬的白吐司啃著，我和那底層不動如山的橙花蜜，冷眼瞧著一片片沾了櫻桃血痕的白麵包，送入一張張無辜的嘴裡，實在意興闌珊。但我意識到那麼沒有技巧地透露這果醬乃回收再利用，並非特製來饋贈的送禮人，在我與旁人言笑周旋之際，始終捧著一片麵包等著。於是只有伸手接下，隨意說聲好吃，然後隨手把玻璃瓶收入提包裡。

那瓶果醬在冷宮裡捱了一段時日。在冰箱的各類食品中，它像只特異獨行的三色香水瓶，環目四顧，見左鄰右舍隨歲月流轉而有所變易，多少暗自傷懷，卻倨傲著不肯鬆口認輸。

某天我買了淡起司麵包回來，在烤箱裡溫著，等的時候，把果醬拿出來端詳。如香水瓶的細頸口極窄，怎麼纖巧的叉匙都舀不出瓶中物，若像那天直接倒出來塗抹，不消多久，那豔麗的櫻桃海也就乾涸了，留下一抹乳色荒漠，而那一大半倒不出來的櫻桃屑，遂橫屍大漠、泣血而亡。

不同比重營造出來的多層綺麗風景，那是送禮人的心意；在烤一片麵包的時間，我卻不由望見了滄海桑田，物轉星移的蒼涼。如果生命註定要流逝，能否漸次優雅地消失？在緩緩倒出果醬時，我試著以細尖竹筷，一併勾出櫻屑與花蜜——結果就不消說了，連蕾絲緞帶都沾得黏糊糊的。

在自負與虛榮的無謂執著中，我自以為能留下一個美麗的手勢，卻無端浪費了獨特與否、優雅與否都無損的真誠。

一瓣瓣櫻桃片透亮著一顆顆小心意，入口即讓我憶起當年的櫻桃巧克力。年輕的心只嚐得出俏皮與甜蜜，怎知其中隱藏的滄桑滋味，在多年之後，才會悠然醒轉；就如拾起的記憶讓我回首輕嘆，那樣單純美好、不加修飾的喜悅，曾幾何時，竟也變得難能可貴了。

後記：櫻桃巧克力之後十年，失聯已久的友人從巴黎寄來一個包裹。拆開那看來風塵僕僕的紙箱時，我隱隱有著不祥的預感，瞧見裏頭纏裹得不慎妥當的塑膠泡綿，聞到空氣中散發一絲酒氣，心中已暗暗叫苦。那盒巧克力只剩下三四顆還守住腹中的甜酒，大半都被擠壓破裂，失去櫻桃的形姿——而這批沒有果核。

最美的總還是存在記憶裡。說起來這些殘餘櫻桃酒味的巧克力碎片，泡了黑咖啡配，帶幾許滄桑而單純美好、不加修飾的滋味，竟是當年從未想過的。回信予這粗心大意的贈禮人，我一字不提巧克力之劫，只說很美味。

醇情咖啡

走進辦公室，沒聞到熟悉的咖啡香，心裡悵惘著，灑掃沏茶的阿姨還沒來，無怪咖啡暫時沒有著落。

「想喝咖啡嗎？我來煮。」門邊冒出這麼一聲，雖不甚響亮，卻不啻如平地驚雷。

因為坐那個位子的仁兄老悶不作聲，杵在門口像棵沉默的大樹，人來人往也捨不得搖晃半點枝葉。跟他打招呼，那句「早安」的命運，就如一顆小鵝卵石，進了深不可測的古井，半晌仍不聞沉石落水之聲。別說小石子，就算是大瓦片、千斤鼎墜了井也是一樣，片刻過去，甚至你就站在當事人身旁，他照舊有本事充耳不聞。

當真是無動於衷嗎？若在這時看入他眼裡，會發現神情不全是漠然的。原來這人只是非比尋常地羞怯。

他人緣極佳。不只是這辦公室，整個公司的人對他印象都很好，需要幫忙問一下，他彷若不置可否，微微點個頭，默不吭聲地埋頭苦幹，絕無怨言或婉拒之語。長得也不是不體面，於是身邊很快就環伺一群虎視眈眈、愈看愈鍾意的丈母娘，敲著邊鼓，為待字閨中的女兒們牽線，但是待嫁女兒個個都于歸他方，熱絡的母親們，也逐一成為無緣的丈母娘，為人妻的女兒們孩子漸漸大了，到了坐四望五年紀的他，竟還是孤家寡人。

根據無緣的丈母娘、牽不成線的媒人婆的說法，說好說歹說破了嘴，他總說心有所屬，再容不下其他人。無須三姑六婆奔相走告，所有人都知道他鍾情的是誰：平時做事總那樣溫溫吞吞慢條斯理，對面大樓那個清秀女孩一聲電召，手上怎麼十萬火急的事都會擱下來，立刻插了翅飛過去；幫完她的忙回來，踏進辦公室，眼底嘴角盡是笑意，那是樹梢讓陽光給溫存熨貼過。

都誇他眼光好，小名魚兒的女孩，確實氣質佳個性婉約，也嘆他死心眼——女孩事親極孝，早說了一輩子不嫁人，不談感情。十多年過去了，她真的沒交半個男朋友，專心陪著爸媽；這十多年來，他的目光也始終追隨著她，永遠無法斷念。

瞧他又滿面春風地從對面回來，拎著四顆奇異果，是幫她修理電腦的謝禮，一天吃半個，那幾個果實，讓他快活了一個多禮拜。接著他廣為裝設魚缸的螢幕保護程式，直到每張辦公室桌前，都閃爍著一尾尾光彩奪目的小魚：這部電腦睡了，水底世界的光逐次暗了下來；那頭的螢幕裡又有小魚兒搖曳著尾鰭，

穿梭水草之間；這邊那尾凝視花瓶裡紅豔的玫瑰孤影，脈脈無語。

咖啡壺骨嘟骨嘟地滴漏黑褐汁液，阿姨進來了，睜大了眼：「今天你煮？哪根筋不對？夭壽，放那麼多粉，不曉得現在咖啡很貴嗎？煮這麼大壺，怎麼喝得完？」

阿姨說他從昨天下午就不對勁。往常下班了東摸西摸，交通車司機催了，眼睛還看著電腦螢幕，慢吞吞地收東西；昨天卻時間未至，就收拾整齊守在門口，歸心似箭全寫在臉上，聽說當天是他心上那尾小魚兒的生日。

是否請她吃個飯、送個花、準備了小禮物？關心的大姊頭問。他說要回家燒飯。大姊慨然要出面，幫他安排打點，他還是要回家燒飯。看他翩然而去，想他弄了一桌好菜，舉杯遙敬壽星，卻不敢再靠近，深怕一驚動小魚兒，連幫她修電腦的特權都沒了——就這樣隔著魚缸欣賞吧。

到了下午，我發現那壺不惜工本、特濃特醇的咖啡——儘管眾人讚不絕口——硬是剩下半壺。想著從昨晚雀躍至今的心情，都煮進咖啡裡去了，實在捨不得看它被倒掉。

咖啡仍帶著早上剛煮好、新鮮戀情香醇濃郁的滋味，沒燒過頭就不苦，但溫了一陣子，尾韻裡難免帶點酸。那個手都沒牽到，卻愛了十幾年的男子，沒有一絲酸楚嗎？

他又瞪著電腦螢幕的魚缸發愣，回神，笑了，「咖啡好喝嗎？」

早上的好，滿溢的癡心任誰都醉。人到中年，縱是魔障未解、濃情難消，純真早已失落，不由人嘆道，可惜了。

蟹友

有幸識得幾個食緣甚篤的好友，對於他們的記憶，恰巧都與螃蟹連結。緣起，都因為就學怪人雲集、學風鼎盛的舊金山灣區，在這盛產首黃道蟹(Dungeness crab)的霧都，入秋之時，免不得相邀品蟹。到漁人碼頭觀光的遊客，很難不被隨處可見、神氣舞動螯子的大紅蟹標誌吸引，不從沿岸綴了一長排販賣海產的店家裡挑出只水煮冷蟹，配上麵包盅盛著的奶油蛤蜊湯，似乎很對不起自己；在地人的我們偏好中國城某餐廳過油輕炸，復焗以椒鹽的香酥蟹。蟹友們陸續學成歸國後，每年的椒鹽大蟹之約遂成絕響。食慾當然有，但是沒一桌人，吃不完那一大盤膏濃肉腴的上選肥蟹；不是同道中人又不願勉強湊合。於是在柏克萊的最後一個秋天，與僅存的蟹友在市場挑了隻小蟹，蒸了對薑絲鎮江醋，佐微甜白酒敬不在場的人。

之間假期返鄉，曾與已安居臺北的食友辦了兩次蟹宴。頭一回嚐了斯里蘭卡蟹，以辣味咖哩炒就，青殼的蟹足稍一挑開，便滿溢著濃烈辛香的異國風情；二度更加隆重，以當紅的北海道鱈蟹為題開懷石宴。我們從游水缸中挑出心儀的大蟹，鄭重地與它告別後，將主導全權賦予大廚，上菜前的遐思空間，亦是下一個驚喜的期待與煎熬——生蟹薄片、蟹粉豆腐、蟹黃葉菜沙拉、奶油蟹茸、炸蟹天婦羅、豌豆蟹餅、壓軸的蟹腿涮涮鍋——環繞著主角的各色珍稀食材，縱然嬌貴如龍蝦、魚子、雪蛤，瞬時消融無形，蟹肉的鮮甜卻留在舌上久久不去，特別突出的一味，是重逢的喜悅。

風塵僕僕的遊子形象，似乎總能勾起好友們排除一切要務，即刻趕來相見的欲望，等我真的回到臺北安定下來，幾度接風洗塵之後，就失去了登高一呼，眾友爭宴的行情。都生活在同一個城市的天空下，近水樓台，倒也不急著聚首；於是我在其他的場合試了玲瓏珍巧、魂歸酒鄉的嗆蟹，凍得花容失色再回蒸的阿拉斯加帝王蟹腳，不痛不癢，就只是好吃，也不覺特別感動。近來大閘蟹爆出造假、殘留物的問題，即使垂涎黃酒醉倒的生蟹靈犀一點，透體晶瑩、國色天成的甘美，只有黯然割捨，要了本地產的處女蟳。端上來的看似半點脂粉末施，蟳肉白淨多汁，以為是清蒸，入口卻有極淡煙薰之味撩人，原來是烤過的，觀其殼卻無焦痕，最多幾處淺褐漬，烤得當真是不慍不火；調味也是極簡，鹽的醍醐味於燒炙中滲入肌理，任何沾醬都多餘。享用這般樸素的上品美味，我驀然想起，已經有三位蟹友悄悄離開，在另一個城市繼續人生的旅程，我們曾經在咫尺間不經意地錯過彼此，以為隨手可得的歡聚，就這麼隨著歲月流逝。

結果近水樓台未必先得月。臨水一照，竟是鏡花水月，也並非一場空，倒影散了，還留下不少回憶。

原來人生在世，真不能無酒肉朋友。這裡指的，當然不是拚酒拚到臉紅脖子粗，爭鋒頭爭到口角齟齬甚而動手的泛泛之交。能分享美食佳釀，必然是習氣相通、品味相近之人；味蕾的誘惑當前，復能以禮自持，以情相讓，投合至此，實為知己。

螃蟹的巧合與執著的記憶，所喚起的是豐收季節的相聚；蟹族那鮮活靈動的形象，或有刁鑽、鬥志盎然，或是神出鬼沒、特立獨（橫）行，諸友人獨特的氣質呼之欲出。人世無常，聚散有時，與友孺慕本就不在朝朝暮暮，得而歡宴共賞人生美好時刻，已經彌足珍貴。隨著四季脈動，星月流轉，或還有機緣，一瞥子夾起生命裡再一次的偶然。

不吃苦

因為是熟客，店家多上了幾味小菜招待，都歡呼著動筷，只有大個頭無動於衷，有人把那盤滷苦瓜小魚推到他面前，讚著好吃，他聳肩搖搖頭，「不吃苦瓜。我不吃苦，不吃虧。」

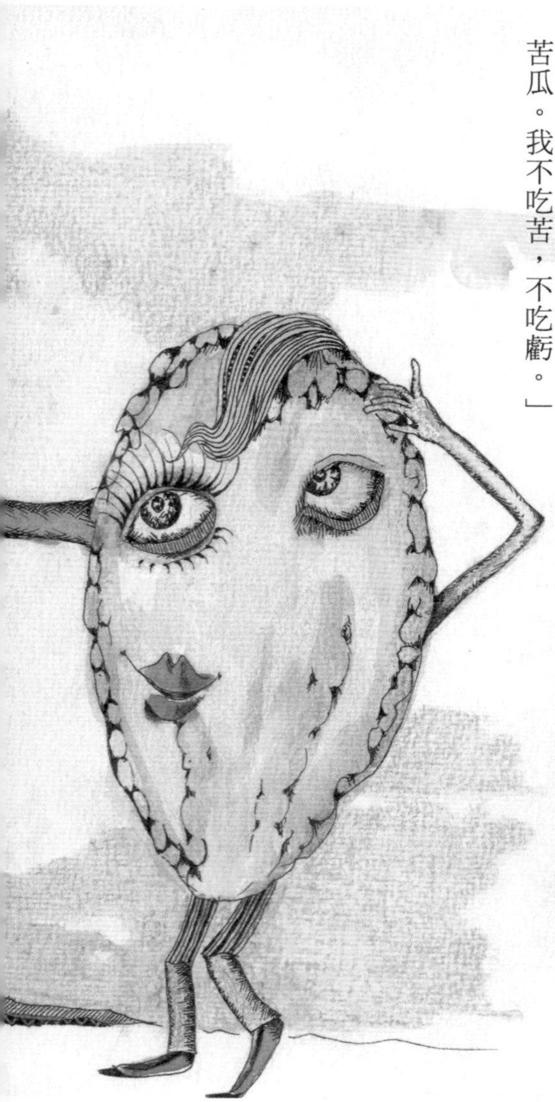

一時在座皆莞爾。「吃得苦中苦，方為人上人啊。」冒出了這麼一聲。

輕輕一句話，喚回數十載悠久的歲月，因為現在的苦瓜，早就不苦了。唯有童稚時期，那時苦瓜的苦味，還端得沉穩厚重，讓你就是嚥不下去，大人見哄不來，就這麼教訓著。但哪個小鬼不是情願蛀得滿口牙，還是要吃糖？人之初，性嗜甜，誰要自討苦吃、違反本性？

若是醃成一碟小菜、炒一盤苦瓜也就罷了，眼不見為淨，反正還有別的好吃。你最恨的是燉了一大鍋苦瓜排骨，縱有豆豉的甘香、鳳梨的甜韻來提味，還是一整鍋沒救的苦水，讓愛喝湯的你也敬而遠之。你怎麼也無法相信大人說的，那個苦味過了會回甘，就像爬山過了一個山頭，風景豁然開朗；你想的是爬山走不動了，就要人抱要人背，反正舒舒服服地，過了山頭開不開朗，都無所謂。

你終於也經歷些許風霜，嚐過一點苦頭，開始能吃苦瓜，而那時的苦味，早就不同於父執輩所熟悉的滋味。你聽他們喃喃叨唸，說現在的年輕人不識戰亂、物資匱乏的艱辛，好命慣了，一點小挫折也不願意捱；你嘴裡或冰鎮、或醋漬、或醬燒的苦瓜，也像是被喝住了，一絲輕淡的苦味探了首，便急急忙忙散去。長輩們回憶中，那樣清凜徹骨的苦意之後，所凝聚的甘釃，既然與你無緣，也無須去嚐。

不怎麼苦的苦瓜，漸漸成為常態，但你想不到，在這片土地上努力耕耘的農民們，總是有本事給你新的驚喜。原來那滿面麻子、扭曲著一張苦臉的瓜果，被他們琢磨得愈加圓潤晶瑩，還有人種到玲瓏珍巧，能讓你托在掌心，猶如一顆飽滿的蘋果；就這麼張口咬去，竟多汁脆爽如水梨，大片平曠的甘爽中，刷出一抹若隱若現的雲彩，像美人頰上點得恰到好處的腮紅，是那畫龍點睛的苦，才真是苦瓜。

若把這美玉般的苦瓜斜削，層層夾入粉嫩的鵝肝醬、脆爽的生菜新筍，潤以橄欖油和陳年葡萄香醋，又是如何？你知道以梭甸（Sauternes）甜酒凍搭配鵝肝，向是法人傳統，貴腐甜白酒的豐潤果香與甜蜜，在肥肝珠圓玉潤的書畫圖裡，落下筆酣墨飽的一款，相得益彰。也有蓄意求變的大廚，試以青蘋白酒凍佐之，那酸甜之味是枝曲筆，蓊鬱濃密的花陰裡，閃過一個青翠的芽苞、一點初上的花紅，相對映照，甚是醍醐。用苦味去對鵝肝，是奇筆，先退一步，讓肝醬豐厚的脂香搶先綻放，之後水靈剔透裡朦朧照眼的苦韻與回甘，是那多汁鮮嫩的苦瓜，以佛指捻花一笑，點破色相虛妄的慈悲。

從廚房裡請出慧心的主廚，你估計縱不到老僧入定之境、也當是飽閱人事的中堅份子，誰知竟是個笑容甜美的年輕女孩。是了，就算苦瓜與鵝肝之配不凡，連同生菜竹筍塑出千層派的巧思，佐之酥炸苦瓜籽裹入帕馬森（parmesan）奶醬的慧黠，還是屬於年輕的心。你握住主廚伸出的手，厚實的繭與那張面孔難以搭配，燙痕傷疤猶在，足見她在法國五年學藝的日子，並不那麼風花雪月；識得鵝肝風華，也能憐惜苦瓜之美。

你看著眼前的大個頭，在眾家說客力勸之下，仍頑強抗拒：「不吃苦，不吃虧。」

苦瓜畢竟是成人之味。小孩不吃苦自然，何必急著長大？你從可以接受苦瓜，直到欣賞它的滋味，一路走來，成長的無奈少了，你習於人生或多或少的苦楚——比起父祖吃過的苦，算得了什麼呢——也珍惜蘊於其中、其後的甘醇。

那張帶著稚氣的面孔，仍嚷著不吃苦，眼角一瞇，卻也拖上好幾條魚尾紋了。

遙祭

烤得金黃的外皮掩不住滿目悽楚。頭冠不復嫣然，最後的驚惶映入乾涸的眸子，凍進瑟縮的腳爪。旁邊那盤慘白的魚眼水汪汪地，微張的嘴銳齒猙獰，狠咬硬生生離開大海的淒厲怨念。

油亮肥潤一個蹄子游出深邃醬汁，脈脈無語；後面擠來的桃子，爭著望進水鏡，只見通體雪白晶瑩，眉目如畫，瞧得自己也雙頰飛紅；堆得山高的蜜棗鐵青著臉，歪嘴睥睨這群嬌客；枯等的蘋果望斷天涯，驀地落下一截金粉，遮不住容顏憔悴，腹中孕育的小生命，忙著日夜掏空核心。

「可以吃了嗎？」

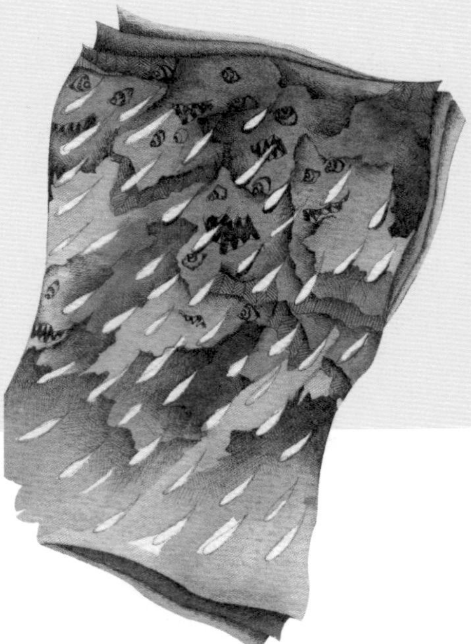

「噓，等這杜香燒完吧！」

背後陰風悄然襲過，一聲轟雷，迅雨奔騰而來，祝禱之聲，遂飄搖於風雨之中。香煙在翻飛的雨絲裡流竄，瞬時雨停，氣勢又壯了，整條街燻得迷迷濛濛，掩映著一列列展開，爭奇鬥豔的祭品——雖然中元每年大抵如此，此刻各家各院同心一志、竭力鋪陳，集體意識衍出的規模甚是驚人，原因無他，不需著意通靈，也能感知這時節島上幽魂甚眾，凝滯不去。

數週之前，莫拉克颱風鐵灰著冷酷的臉孔，攆走了南臺灣的驕陽，恣意扭曲這好山好水的風貌。丈高的樓房脆如薄餅，彈指之間傾折，讓人好生懷疑它是否鋼筋水泥之身；仙境般的所在，一夜沒入滾滾黃沙中，桃源終於還是隔離世外，任塵世人哭斷了肝腸，也無緣迴轉。新聞報導催眠似一再重播的畫面，讓人幾乎要以為是低成本製作的通俗災難片，安定人心的「本片純屬虛構」馬上就會出現，那夢魘的情節不是真的。

不被疼惜的美麗之洋、婆娑之島，終究落得窮山惡水的下場。討伐咎責、追魂哀思、趁火打劫、急公好義、盲從搶跟、怨憤難消、推諉顢頇、灰心喪志等聲浪交雜，在媒體上喧囂了一陣，又沉寂下來，一如往常。在這個高度消費的社會，再大的災難消耗過了，也就沒了，總有新的目標再吸引注目，記憶是那麼短暫，被邊緣化的或有片刻的話語權，遺忘之後，便又回到邊陲。

安魂的祝頌持續著，隨那淒厲風雨，自人世邊陲墜入幽冥者，在生者哀詠慎畏的祈願中，或於重返鬼門關之前，得稍事饗宴否？

數月後，從災區某部落，寄來了農民新近收成的鮮蔬。謝謝捐款，我們又重新站起來了——幾顆包心菜所表達的，是這般樸實真摯的心意。每株都是渾圓飽滿，蟲蛀得斑斑駁駁，外層菜葉像一瓣瓣細密交纏的縷空蕾絲，在我們嘖嘖稱奇地撥弄賞玩之際，偶而篩出幾許晶瑩剔透的光影。

滿懷期待地烹來吃，卻無可避免地要失望。沒用農藥是確定的，那些歡欣鼓舞的蟲子可作見證，但滋味的平板與一絲難言的人工痕跡，說明了大地在這個劫難與多年化肥的掏洗蹂躪中，尚未復原過來。

而更多的劫數似乎仍在蘊釀著。隔著高麗菜葉那端的電視，瓦礫堆下露出一條蒙灰的斷腿，殘磚泥地染上幾許乾涸的血跡，一雙雙倉皇的眼神，一陣陣哀慟的嚎啕。海地一震，舉世皆驚。渡假廣告片裡，悠遊於碧海藍天和深色肌膚僕從之間的比基尼男女，地平線那頭陽光無限的南方失樂園，真是失陷了，更多的問題與不堪浮出地表。

人加諸於同類與自然的傷害，一時之間或覺並無所謂，然而在歷史變遷中，多少還是會有是非公理，只是這漫長的過程，未必是我們有限生命所能看見。在我們物質文明似乎發展到極致的時刻，自然反撲的力道愈來愈強、週期愈來愈短，而從未能由歷史中汲取教訓的人類，也依舊我行我素，那樣可愛又可悲地沉淪著。

面具之都

我曾於寒徹骨的時分，造訪過這個城市，只因友人一句——桃花開得滿山遍野的季節再回來吧——遂於開春之交，又不遠千里地，去赴人面桃花之約。

那個薄倖的春天別說桃花，百花依次綻放的時序，都被那忽冷忽熱的性情給攪亂了——一乍暖，那些不顧江湖道義搶先開的，霎時，硬生生被凍僵在枝頭；以為自己慢了一步，含苞急著要湊初春景的，待不得張蕊，就被雪雹打落。其餘的怯怯在旁邊觀望了許久，總是探不到機會，一看暖了趕緊催上奼紫嫣紅，宛如初夏的氣息裡悵惘著，猜不出春去了與否。

入夜，凍裂的地表斑駁著粉塵與薄霜，暗下的天色染上幾許磚紅，朋友嘆著氣，「下點雨雪還好，明天若還這麼乾燥，沙塵又要起了。」

翌日，千年古都果真蒙了塵，路上行人都只剩半張臉。露出來那雙眼，若

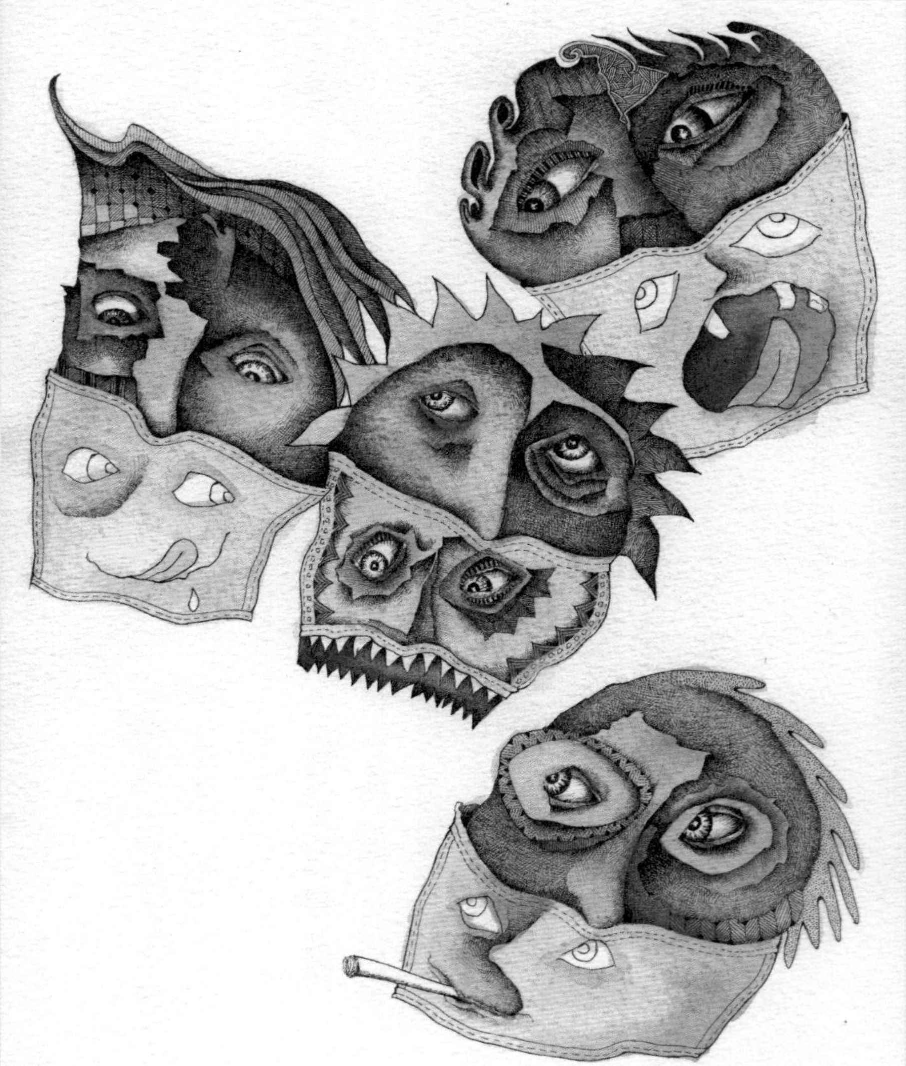

尚未掩在迷濛的鏡片下，大半都泛了血絲，只恨不像行走大漠的駱駝，低垂那濃密睫毛、雙重眼瞼，便能輕易擋住飛沙。

公車在站前停了下來，一個個罩住口鼻的身影，從前後門吞吐流瀉，一時之間，漫天都是口罩面具在飛舞；車腹上更多了，數百副整齊排開的半罩面孔，一張比一張更鮮豔奪目，戴著面具的紅男綠女沒一個是醜的——雖然看不清嘴臉。面罩彷若有了自己的生命，自顧自地，同一旁的言笑、怒目、調情、較勁，伴著骨碌骨碌轉的一雙雙眼珠，不過是它們的倒影：這張紅的看那個青的不順眼，貼在耳畔那只新手機太礙眼了；那個青的偷覷這黃的老半天了，就是鼓不起勇氣過去搭訕；那粉紅點老要黏上黑格子，也不管人家推推讓讓，好似見了債主，低著頭不想認帳；齜牙咧嘴那豹紋的，四周翻湧了一江騰騰殺氣，無端洩了，比什麼龜孫子都萎靡。一張張看來質感甚佳的口罩底下，隱匿了多少唇齒相依的玄機，如同剪裁合身的衣裝遮掩的肉體，一動一靜之間，若有幾許私情要流溢而出，更引人遐思。真是好生動時尚的一幅廣告，對照一旁現實生活的灰黃黯淡，恍若隔世。

公車於迷霧中去了，攜了一身看得見看不見的片段人生。步入朋友蝸居，滿桌的酒菜，情人還在廚房裡動鏟鑊，麻油煸薑的辛香，瞬時瀰漫整室。朋友摘下面具，笑了，亦是春風一室。兩年前，她隻身來到這城府極深、權勢翻湧要比塵霾污染來得厲害的城市——好幾個愛恨分明的友人都在這兒陣亡了，乘興而來，鎩羽而歸。明辨是非、嫉惡如仇的個性，衝上這裡凡事總渾渾濁濁攪弄的德行，肯定要折損的；一個自許見過大風大浪的，走之前自嘲地丟下一句，當真是涉世未深。

她交際手腕看似一般，倒像是涉世未深，不著意去盤算經營，卻總是討人歡喜。親親熱熱地靠過來了，讓人窩心卻不過於甜膩，走開了，帶著讓人舒適的距離感，又維持住某種微妙的溫度。彷若是不經意，卻處處留下慧心巧思的蛛絲馬跡——說沒有心機是不可能的，往來圈子裡最引人矚目的男孩，不知不覺陷入她的情網，多少偶然交織而成的命定，造就她在面具之都漂亮的斬獲。於是她在這污染嚴重的城市待了下來，因為她的心找到了依靠，雖然那浮雲蔽日不見長安的街市，讓許多人發愁，雖然那無孔不入的黃沙，為他們的甜蜜家居再加了一味。

前往機場的車搖擺著出站，漸行漸遠漸不聞城內喧囂，對面護著行李孩子

的婦人，陡地嘆了口氣，望進窗外跟著一路疾行的沉默白樺，「這城市真愈來愈不討人喜歡，」孩子睜了迷惑的眼看她，「以前我住這兒的時候，可不是這樣啊。」

瞧我也在看她，帶了幾分笑意，不好意思了，她換個腔，低頭對男孩說了什麼，用的是我不十分懂的某個南方方言，另一副面具。而我們之間沒有隔閡。

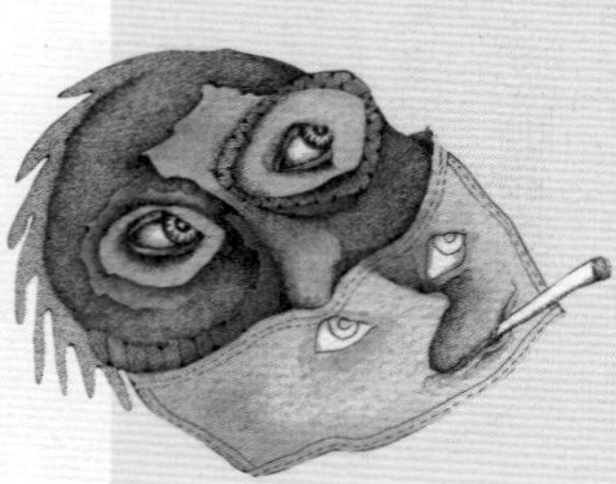

燻鮭

抵達安克拉治，這城市正沉睡於北極圈的長夜裡。疲憊的腳步踏進機場的幽暗死寂之中，格外冷清，旅客們各自找了個角落窩著，打發待機一個多小時的枯燥無聊。

但那緊閉的鐵捲門拉上來了，假寐著的燈再亮起，溫著極地鹿肉香腸的烤架輪轉著，一圈比一圈炙熱，對照冰原啤酒徹骨的寒意，好奇心跟胃口又挑起來了，於是收銀機前很快就排了一長列。隔壁的免稅店也開了，清晨三點，售貨小姐滿臉笑容可掬，沒有半絲倦容——只此一家，別無去處，她知道遊客們不去買香腸，只能來這裡殺時間，百無聊賴所爆發的商機，是難得寶貴的。

不是很大的店面擁簇著毛茸茸的暖帽、圓滾滾的大衣、各色寒地滋潤乳霜油膏、維他命魚肝油、印著北極熊馴鹿愛斯基摩冰屋的鑰匙圈馬克杯。穿過紀念品名產的叢林，豁然開朗的眼前展開半圓弧小劇場，豎起幾座藍磚堆起的金字塔，稍一迴身，會發現四壁亦砌滿同樣的磚，藍色波紋裡有個空心的魚影，是條靜靜劃過寒風疾流的鮭魚。

一直覺得鮭魚是種弄熟較不可口的魚鮮。或有自許燒炙爐火純青者，以為外皮酥脆內裡鬆軟，殊不知比之生鮭口感，有如濃妝下意圖掩飾的缺水熟齡肌膚，怎樣的脂粉，都難敵吹彈得破的素顏。紅白相雜的生魚盤裡，參上一品特立獨行的豔橘鮭片，色相食相兼具，生食之妙，只在唇齒意會，不可言傳；差可比擬的，總還是竭力保住生鮭腴嫩質感的做法，不是粗鹽香料浸潤的醃鮭(gravlax)，大抵就是冷火慢燻過，帶著淡淡的煙燻味，沒熟、質地卻略微扎實，像是自覺回眸春生，淺笑之間，膽子也壯起來了。

在西雅圖百年歷史的派克市場（Pike's Place Market）裡，最引人入勝的莫過於魚市；巴掌大的干貝、堆得小山高的蚌蛤牡蠣、肥美的帝王蟹腳龍蝦尾只是一部分，加上一個個賣力演出、使勁兜售的魚販，一尾尾同樣生猛的阿拉斯加冷流鮭魚，才是活色生香的景致。這時若有哪條魚投了顧客的緣，魚販便一把從冰塚上抓起，驚呼與叫好聲中，魚就這麼來回從攤頭飛到攤尾，拋得盡興了才清理打包。

配著這樣的風景，我嘗了赤楊木熱火燻製的鮭魚，對於生鮭熟鮭的執念從此改觀。從這家試吃到那家，風味火候各有不同，不乏下手過重，魚肉乾了硬了，蒜頭胡椒肆虐，百味雜陳就是少了鮮味。但終究有驚喜存在。那家鋪子過分熱心的魚販，慷慨地切了一大片，不由分說地塞給一路試來興致已低的我，在那友善而殷切的棕眼睛招呼下，不好意思不放入口裡。

從魚肉裡不絕湧出的楊木香氣，直讓人恍惚了，忘了環伺自己清冷的蝦蟹魚貝，以為置身美國西北溫煦陽光眷顧的赤楊樹林，那濃郁的煙燻味，是清新的森林氣息讓熱烈的野火迫著，懵懂中識得了纏綿之意。那魚兒也恍惚了，忘了自己已經離開海水，熟透的肉心依舊粉嫩水靈，把拍打著海岸的浪花、驕陽下綿燒的赤楊煙塵，緊緊擁入濕潤的懷抱，鹽韻與燻香交纏之中，還有一絲怎麼靦腆也掩不住、最是醍醐的甜蜜滋味。

催登機的廣播聲中，我挑了一塊鐫印著「西北赤楊木古法燻製」的藍色鮭魚磚，帶著它飛離極地，來到溫暖的南方。某個陽光普照的慵懶早晨，我滿懷期待地破磚取鮭，準備給自己弄個早午餐。

真空包裡的鮭魚當然不若市場上的豐腴飽滿，水淋淋倒不差的，就像盒蓋標榜的「浸在燻汁裡的多汁鮭魚！」一那般，定心一嗅，有股淡雅的赤楊香味，夾雜著難分難捨的錫箔金屬氣。

無怪初戀總是在回憶裡最美好。

我輕嘆著，開始打蛋煎蛋捲。那厚厚堆起千堆雪的鮮奶油和蓬鬆蛋包給了瑟縮的鮭魚依靠，濃脂的富麗也輕易蝕去錫箔的怪味；沒有蝦夷蔥，切了宜蘭青蔥提味，別是另一種風情。蛋捲上撒一把，像是穿過金黃油菜花田的綠色小徑，可不是春天到了嗎？

愛情並沒有靈藥，靠的是靈巧與無畏的心，於平凡甚或腐朽裡重寫神奇，鮭魚眨巴著眼睛，這麼告訴我。

鹽之風華

盛夏裡食慾不振，百味難興，開胃菜的角色愈形重要。

盛上來的盤子，中心排了幾片肥美的生鮭魚，油亮亮的鮮橘肉色，光澤粉嫩猶如美人肌膚，滑潤的切片中展開的細緻肌理，似那綿密的玉石紋路，俐落的刀法一路走去，無不平整瑰麗。但這玉石不是冰冷無情之物，生命的柔韌與溫暖尚未離它遠去，縱是入口即化，比起消融於無形的奶油，它又多了一分與齒舌相依濡膩的眷戀。

每一片鮭魚，都是一幅描繪大海之味的袖珍畫作，框住它的是飽滿晶瑩的透抽切片。橄欖酸豆醬汁淡淡地淋上一層，那氣味在清新爽澤之中，帶著些許憂鬱，像是仲夏裡憶起早春的甜美天真，驀然回首，時光悠然已逝。未及傷愁，因為那些墨綠的果實碎片，不是繁花謝去的落紅，是夏意蓊鬱的痕跡。

狠下心，我用刀劃破透抽鮭魚框起的小宇宙，把它切成可以入口的大小。橄欖醬與白酒醋汁的淡雅，配上未施脂粉的生海鮮，可說相得益彰；鮭魚在口中勢要化去，透抽還半推半就地抵抗，適溫柔韌的魚體，驀地對上脆爽沁心的顆粒，凌駕於醬汁之上的另一股醍醐之味，遂襲捲而來。

是鹽的味道。這麼說來似乎平凡無奇，但對於長期為細白精鹽只有鹹味沒有滋味所麻痺的味蕾而言，這種鹽味讓人嚐到了鍾情的心悸，以及其後追憶伊人形影的惆悵——如果能在賞味之後，吐出這樣一聲心滿意足卻又不捨的美好輕嘆，就該能明白為什麼來自布列塔尼（Bretagne）海岸的鹽之花（fleur de sel），能賣上比尋常海鹽十至百倍的價錢。

上等的鹽之花，來自布列塔尼鹽都——給宏德（Guérande），靠著地勢水利之功，將海水導入海螺殼般迂迴環繞的渠道，在一關又一關的鹽田裡，漸次提高滷水含鹽量，到最後手工採收鹽之花及粗鹽，靠的是鹽農（paludier）的智慧與勞力，以及上天獨賜的風土陽光孕育出來的滋味。嬌貴的鹽之花只在夏季日曬最強的幾個月採收，而且缺了乾燥又不至於太強的東風，還結不出夢幻似的美麗結晶體（「萬事皆備，只欠東風」用在這裡真是無比貼切。）。鹽農於薄暮時分，快速而仔細地採收晶瑩細緻如花的結晶，入夜沾了露水即功虧一簣，讓它沉到鹽池底沾了土氣，就是顏色偏灰的粗鹽。受了產區海域富含的嗜鹽菌（bactérie halophile）和微細鹽藻（Dunaliella Salina）的影響，給宏德鹽之花潔白的顆粒裡帶著玫瑰色澤，礦物質之外，又多了一點紫蘿蘭般的香氣，是別的鹽之花產地所無，也據以為貴。

給宏德鹽業歷史悠久，十六至十九世紀為其黃金時代，粗鹽始終是大宗，纖弱的鹽之花得不到鹽商青睞，多半由細心勤快的鹽田女兒撈起來自用，或是散售存點微薄的小錢；手工製造鹽業由盛而衰，轉型後走向精緻路線，鹽之花徹底翻了身，獨特的風味和稀少的產量，使它成為鹽中花魁，身價不可同日而語。

不消說，鹽之花為這道鮭魚透抽的開胃菜，劃下無懈可擊的句點，在提升新鮮素材本身蘊含的甘甜之時，也毫不客氣地誇耀自身多層次的美感。雖說是鹽，它的鹹味其實輕淡內斂，為結晶體裡包含的其他風味，騰出更多展示的空間：化學漂白的鹽像是放過血，只留下奄奄一息的死鹹；鹽農細心呵護出來的鹽之花，充滿了生命力，它的滋味忠實地記錄了採收海域的地貌水土，入口瞬間爆發的迷戀與悵惘，最終源自於鹽的結晶裡完整保存的大海記憶；至於那點若有似無的紫蘿蘭香，只能說是生命的奇蹟。

在品味之時，能想到辛勤的給宏德鹽家待嫁女兒，藉著鹽之花攢點妝奩的心願，這樣的饕客畢竟在少數吧！資本主義的一大特色，就在消費者沉淪於物慾的夢幻天堂之時，技巧性地抹除勞動的痕跡。但我竟在此時，追溯起成就這個美好時刻的艱辛：我瞧見了深海裡與其他烏賊兄弟並肩悠游的透抽，晶瑩剔透的身軀穿過碧綠的水藻，像是祖母手上那只玲瓏的玉鐲，通體晶亮的身子中心劃過一抹綠痕；我看見由大海蜂擁至河口，奮力回溯源頭的鮭魚群，那樣堅忍不拔的銀色艦隊，個個咬緊了下顎紅著眼向前衝；在透抽與鮭魚鮮明的勞動痕跡背後，我模糊地感覺到讓它們離開海水，來到我餐桌前的努力。曾經溫柔包容著它們的大海不再，但是一撒上鹽之花，它們又活了過來——那是大海為它們所唱的安魂曲，透過這神奇的鹽，讓它們最後一次重溫海洋深處的記憶。於是思慕著大海的透抽與鮭魚，在千里的顛沛流離之後，終於以不同的姿態與昔日的情人再次邂逅，而我那期待已久的唇舌，將見證這段生死之戀的結局。

為什麼鹽之花應當用來提味，而不是調味？只因大海的珍藏本來屬於彼此，需要的僅是適當的場景，激起熱戀的火花；過度干預，便是白費心機。

廚房大門一掀，翩然而現的主廚摘下廚帽，一身雪亮的白衣，驕傲地招呼每一張對美食微笑的臉。「簡單而美好的天然素材，最能凸顯鹽之花的精妙。」他頷首示意，要胃口大開的我們繼續享用下一道菜，別冷落眼前熱騰騰的黑松露奶油醬馬鈴薯麵疙瘩（gnocchi），「松露也是如此。味道太複雜了，表現不出它的好處。」他眼睛發亮，「義大利麵食裡什麼最難做，你們知道嗎？是蒜頭橄欖油拌麵。」

「那個……不是最基本的？」

「是的，最直接了當，沒有什麼名貴食材壓陣，或者什麼新奇的醬汁來遮瑕，所以要怎麼讓最平常的素材發揮到極限，完全靠功力。蒜頭怎麼炒到最香，鹽在什麼時候下，這些我都教過我們二廚，可是他做的總還是差了那麼一點。」他眼裡的光芒熾熱不可直視，「我在做這道菜的時候，廚房裡什麼都看不到聽不到，眼裡看到的就只有炒鍋裡的麵和蒜頭。」

日人說「料理在於心」，就是這樣的境界吧。主廚與二廚的差距也在此，似乎是微不足道的距離，可真是差之毫釐，失之千里。

料理不論是繁複還是簡單，最終都要回歸於素材，掌廚的人以誠摯的心要表現的，也不外乎生之喜悅。鹽之花無可避免地落入商業操作的窠臼，為消費者營造出法式優雅的迷夢，但跨國資本主義改變不了的，是純粹美好之物所帶來不加矯飾的歡愉。它對於料理的啟示也是如此，讓每一顆為美食喜悅的心反璞歸真，重新發掘料理之本在於鹽（即使甜點還是少不了鹽），每一道讓人動心的佳餚，都是鹽與素材之間動人的愛情故事。

薄酒萊與阿宗麵線

初到巴黎，如劉姥姥進大觀園，花都五光十色，絢麗精妙，看得人目不暇給，鄉巴佬之態畢露無遺。依著旅遊指南，覓進蒙帕納斯大道（Boulevard Montparnasse）上的圓頂（La Coupole）餐廳，在保留裝飾藝術風格與美好年代（Belle Epoque）逸樂氣氛的餐室內，我仰望撐住這個廳堂所有金碧輝煌的廊柱，想像創建之時，藝術家們在此觥籌交錯，藉著酒興柱上大筆一揮，成就一幅幅筆酣墨飽的嬉遊飲宴圖，迷濛之間，彷若身處蒙帕納斯山腳下，隱約可聞山頂繆思神殿裡，詩神畫仙笑語不斷。

侍者把電話簿般厚重的酒單丟到面前，敲醒我的白日夢。如同大多數法國

侍者，他盡職地站在我身後，不是要提供任何貼心服務，而是在我犯下重大錯誤之時，厲聲予以糾正。我的額上開始冒出冷汗，縱然識得法文，這電話簿裡的產區酒莊品級仍不啻天書，看得懂的價格又恰如天文數字，難道我在巴黎初次高級餐廳的探險，就要以陣亡收場了嗎？

「您想要點什麼呢？」那語氣滿是等著看好戲的悠哉。

「呃……」我像失憶者，拚命找著任何跟酒有關的回憶，「我……也許想試薄酒萊 (Beaujolais) 這個地方的，」那一瞬間，法國友人提過的某個單字浮上腦海，「您可以幫我介紹嗎？」

對方的眉毛揚了一揚，「您可以試試 Brouilly。」

那時我懷疑著是否被耍了。想來對方或許心裡暗笑，卻很專業地推薦價廉的佳釀（從點的菜色來看，料到這些人決不會花太多錢在酒上面。），沒有拿一瓶去年沒賣完的薄酒來新酒 (Beaujolais Nouveau) 充數。

薄酒萊區的 Brouilly 成為第一課，我開始苦心誦習法國葡萄酒主要產區與特色，為的是不讓電話簿的悲劇重演。當我能夠平心靜氣看完酒單作好評估，在點酒時略略弓起眉心，優雅地吐出酒名、高傲地放下酒單之時，也發現

La Coupole終究不是什麼高級餐廳，它略似大陸那些轉到國營體系下經營的老字號名店，過去的光環縱還閃亮，對觀光客的號召力仍是主要的賣點。本地人喜歡在向晚時分來啜一杯咖啡、喝點小酒，從靠窗那一排隔出來的雅座，饒有興味地瞧進大食堂內，堆得小山高的海鮮盤在侍者肩上閃著寒光，來往穿梭於沸騰洶湧的人聲與食慾之間。

我永遠都忘不了電話簿之劫救了我的薄酒萊，儘管酒的知識日漸累積，新寵繽紛絡繹，薄酒萊這產區對我還是特別的，它開朗、沒有心機、充滿年輕的活力，那樣理直氣壯地，把滿肚子濃郁的果香慷慨與人分享，教你想勸它世風日下人心難測，為人行事當世故內斂，都會覺得不忍。

去國多年，回來以後第一個薄酒萊酒節，就受到很大的文化衝擊。早在十一月第三個禮拜四之前，廣告就打得轟轟烈烈，經過仔細包裝的薄酒萊像個嬌貴的美人，一開口那帶著法國口音的英語（因為行銷手法與美式跨國企業如出一轍），時髦又性感，惹得眾人又驚又愛。一個接著一個的暢飲派對接連而開，高檔精品、美食業者、名人影星加持，鎂光燈照耀之下，它的身價愈飆愈高，愈發不可一世。這酒儼然不是俗話裡不成敬意的那一杯「薄酒」，情願與否，你還是得乖乖付出「船（來）酒」的價錢，買一點異國風情下的單薄滋味。

我已經不認得這個薄酒萊了。該產區向以清新爽口見長，不適久放，新酒尤為是。沒有人覺得薄酒萊新酒是上品，以當年收成的葡萄釀製，三個月內快速熟成上市，單價鮮有昂貴者；這個酒代表的是豐收的喜悅，在薄酒萊酒節這天，全國共飲慶祝風土富饒、美好一年，懂得的初試今年葡萄品質，不懂的照樣歡欣鼓舞，找到機會爛醉。富人與窮人都能共飲，因為它的價錢誰都出得起，這樣歡樂的氣氛也讓大家齊心舉杯，說起最民主的酒，莫非為是。

如今薄酒萊新酒走上全球化的道路，成功的品牌行銷，讓全世界在同一天舉杯高喊 Vive la France!（法國萬歲），卻好像失落了什麼。

於是我懷著失落的心，鬼魂似地飄到西門町，在某個大排長龍的陋巷裡，瞅見阿宗麵線血紅的金字招牌。阿宗老兄顯見是發了，回饋在主顧身上的，是那打破你對傳統街頭小吃印象的晶亮華麗店面：如果你心裡想的是古樸的木擔頭攤子，一群人圍了汗衫腴肚的老板，看他肩披一條毛巾，不斷拭著額上擦也擦不盡的汗珠，從熱騰騰的鍋底，不斷撈出抖著鮮嫩嫩大腸頭的粉潤潤麵線糊，那麼你絕對會被以下的景觀震懾住——銀藍滷素燈照耀下，米黃石英磚的牆面和黑色花崗岩的地板相映生輝，嵌入壁裡的寬螢幕液晶電視閃爍著霓光，辛苦的工作團隊隔在磨紗玻璃門後，為你盛碗的掌櫃們，整齊一致的紅白制服，在一塵不染的花崗檯前微笑。

店面裝潢得閃亮，阿宗卻沒有忘記他發跡由來，以前的小麵攤沒有板凳，現在的豪華場子還是要捧著碗站了吃，他沒有因為賺錢就擺幾張椅子讓你坐。於是那慕名而來西裝筆挺的日本人，把公事包夾在腋下騰出手來，滿臉大汗地把麵條划入口中；隔壁的小情侶叫了一碗大的，你一調羹我一調羹地，那個笑靨說明有沒有位子坐並不重要；那對哥倆好，在人家公寓入口臺階上坐了慢慢吃，恰把隔壁「吃麵線者請勿擋住本店招牌」的告示遮住；那一家子更大大方方拖鞋短褲佔了巷道，大人小孩蹲了捧著碗吃，一會兒燙了嘴哭起來，只見媽媽一邊罵一邊吹涼。街頭小吃難得一見的排場，配上廊前巷口那群遊民般聚散來去的食客，阿宗的麵攤當真是色香風景無限。

Vive Taiwan。漂洋過海來到臺灣的薄酒萊，在華貴的外衣下讓人看不清它的真實；鍍了一層金的阿宗金店面，在顯貴之後仍不失本土特色。你想不到法國人逐漸忘卻的自由平等博愛精神，在阿宗這裡得到徹底的實現——無論男女老少，不分貧富貴賤，人人一律站著吃，沒有例外，也和樂融融相安無事。說臺灣這個社會淺薄，還是有它可愛的地方。

聽說阿宗在別處還有分店，有桌有椅的餐廳化經營，但可想而知的，總還是沒有站著來得好吃。

二魚文化　文學花園　C105

食色巴黎 *Feast for Paris*

作　　者　林郁庭
責任編輯　李亮瑩
美術設計　費得貞
繪　　圖　歐笠嵬
編輯主任　葉菁燕
讀者服務　詹淑真

出 版 者　二魚文化事業有限公司
地址　106 臺北市大安區和平東路一段 121 號 3 樓之 2
網址　www.2-fishes.com
電話　(02)23515288
傳真　(02)23518061
郵政劃撥帳號　19625599
劃撥戶名　二魚文化事業有限公司
法律顧問　林鈺雄律師事務所

總 經 銷　大和書報圖書股份有限公司
電話　(02)89902588
傳真　(02)22901658

製版印刷　彩峰造藝印像股份有限公司
初版一刷　二〇一四年二月
I S B N　978-986-5813-22-2
定　　價　二七〇元

題字篆印　李蕭錕

國家圖書館出版品預行編目(CIP)資料

食色巴黎 / 林郁庭著. -- 初版. -- 臺北市 : 二魚文化, 2014.02
224面 ; 14.8X21公分. -- (文學花園 ; C105)
ISBN 978-986-5813-22-2(平裝)
1.飲食 2.文集

427.07　　103000485

二魚文化 讀者回函卡

讀者服務專線：（02）23515288

感謝您購買此書，為了更貼近讀者的需求，出版您想閱讀的書籍，請撥冗填寫回函卡，二魚將不定時提供您最新出版訊息、優惠活動通知。
若有寶貴的建議，也歡迎您 e-mail 至 2fishes@2-fishes.com，我們會更加努力，謝謝！

姓名：__________________ 性別：□男 □女 職業：______________

出生日期：西元 _____ 年 ____ 月 ____ 日 E-mail：______________________________________

地址：□□□□□ ___________ 縣市 ___________ 鄉鎮市區 __________ 路街 _____ 段
_____ 巷 _____ 弄 _____ 號 _____ 樓

電話：（市內）_________________ （手機）____________________

1. 您從哪裡得知本書的訊息？
□逛書店時
□逛便利商店時
□上量販店時
□朋友強力推薦
□網路書店（站名：______________）
□看報紙（報名：______________）
□聽廣播（電臺：______________）
□看電視（節目：______________）
□其他地方，是 ______________

2. 您在哪裡買到這本書？
□書店，哪一家 _______________
□量販店，哪一家 _____________
□便利商店，哪一家 ___________
□網路書店，哪一家 ____________
□其他 _______________________

3. 您買這本書時，有沒有折扣或是減價？
□有，折扣或是買的價格是 ____________
□沒有

4. 這本書哪些地方吸引您？（可複選）
□內容剛好是您需要的
□價格便宜
□是您喜歡的作者
□封面設計很漂亮
□內頁排版閱讀舒適
□您是二魚的忠實讀者

5. 哪些主題是您感興趣的？（可複選）
□新詩 □散文 □小說 □商業理財 □藝術設計 □人文史地 □社會科學
□自然科普 □醫療保健 □心靈勵志 □飲食 □生活風格 □旅遊 □宗教命理 □親子教養
□其他主題，如：______________________________________

6. 對於本書，您希望哪些地方再加強？或其他寶貴意見？

____

____

請沿線剪下後，對折以膠帶黏貼，免貼郵票，直接投入郵筒寄回！

廣告回信
台北郵局登記證
台北廣字第02430號
免貼郵票

106 臺北市大安區和平東路一段 121 號 3 樓之 2

二魚文化事業有限公司 收

文學花園系列

C105 食色巴黎

●姓名

●地址

二魚文化